高等院校
艺术设计精品系列教材

公共空间设计

+ 邸锐 编著

人民邮电出版社

北 京

图书在版编目（CIP）数据

公共空间设计 / 邸锐编著. -- 北京：人民邮电出
版社，2024.1
高等院校艺术设计精品系列教材
ISBN 978-7-115-59515-7

Ⅰ．①公… Ⅱ．①邸… Ⅲ．①公共建筑－室内装饰设
计－高等学校－教材 Ⅳ．①TU242

中国版本图书馆CIP数据核字(2022)第105056号

内 容 提 要

  本书根据近年来公共空间设计教学中的重点内容，参考相关专业著作、论文等进行编写。本书以
"项目、任务、环节"取代"篇、章、节"的传统模式，主要内容由办公空间设计和酒店空间设计两个
项目构成，每个项目以"项目启动、设计调查、概念设计、平面布置、系统设计、界面设计、室内陈
设设计、方案表现、施工制图、设计汇报"等任务为主线展开，使整个教学过程环环相扣，是一本理
论知识与实践技能相结合，基础学习与专业学习相融合，技能训练与职业能力相联系，课程内容与项
目任务高度一致的"一体化"教材。

  本书可作为高等院校环境艺术设计（环境设计）专业"公共空间设计"课程的教材，也可供对公
共空间设计感兴趣的读者自学参考。

◆ 编　著　邸　锐
责任编辑　桑　珊
责任印制　王　郁　焦志炜

◆ 人民邮电出版社出版发行　　北京市丰台区成寿寺路 11 号
邮编　100164　电子邮件　315@ptpress.com.cn
网址　https://www.ptpress.com.cn
临西县阅读时光印刷有限公司印刷

◆ 开本：787×1092　1/16
印张：14.5　　　　　　2024 年 1 月第 1 版
字数：418 千字　　　　2025 年 1 月河北第 2 次印刷

定价：79.80 元

读者服务热线：(010)81055256　印装质量热线：(010)81055316
反盗版热线：(010)81055315
广告经营许可证：京东市监广登字 20170147 号

前言

本书全面贯彻党的二十大精神，以社会主义核心价值观为引领，传承中华优秀传统文化，坚定文化自信，使内容更好体现时代性、把握规律性、富于创造性。

"公共空间设计"课程是基于室内设计师工作过程开发的一门环境艺术设计（环境设计）专业的核心课程。本课程以培养学生的职业能力和职业素养为宗旨，是在整合"室内设计原理""人体工程学""家具与陈设设计""空间设计与照明""材料与工艺""室内设计模型"等多门基础课程与专业课程核心内容的基础上形成的一门"一体化"课程。

本书内容由办公空间设计和酒店空间设计两个项目构成。办公空间设计项目易理解、上手快，涉及企业办公空间的方方面面。作为入门型项目，适合初步学习。酒店空间设计项目涉及面广、跨度大，涵盖了住宿、餐饮、行政、商务、休闲娱乐等多种各具特色的功能空间，属于拓展型项目，适合扩展学习。两个项目的讲解由点到面，再由面到点，由浅入深，由易到难，层次鲜明。

在课程设计上，本书秉承"做中学"的理念，根据室内设计师工作内容选取教学内容，按照岗位工作流程设计教学过程，根据项目要求设置教学任务，通过项目设计实现课程目标，使读者在完成项目的过程中，掌握相关知识与技能。循序渐进的教学进程不仅能有效地应用于实际教学，也为读者提供了进一步自学和自我提升的空间；同时对学习者掌握规范的设计流程与正确的设计方法，培养良好的做事习惯和严谨的工作作风具有一定的导向作用。

本书结构严谨，内容充实，文字简洁朴素，便于读者学习与理解。本书以图解文、以文析图、以表列纲，图、文、表并茂，相得益彰。本书在每一项任务开始前均设有任务表，对任务进度、任务说明、知识目标、能力目标、工作内容、工作流程、评价标准等逐一阐述，使任务清晰明了；任务小结会对该项任务进行简明扼要的概括，以便读者把握重点，提升学习效果；思考与训练用于检查读者对该任务中涉及的知识、技能的理解与掌握情况，以达到巩固知识、促进思考、掌握设计技能的目的。

本书由广州番禺职业技术学院邸锐编著。在本书中，编者选用了广州番禺职业技术学院环境艺术设计专业公共空间设计工作坊的学生提供的部分习作，在此一并表示衷心感谢。

由于编者水平有限，书中疏漏之处在所难免，敬请读者批评指正。

邸锐

2023年5月

目录
CONTENTS

02 项目二 酒店空间设计

01

项目一　办公空间设计

任务一　办公空间设计项目启动

任务表 1-1

项目一	任务一办公空间设计项目启动	任务二办公空间设计调查	任务三办公空间概念设计	任务四办公空间平面布置	任务五办公空间系统设计	任务六办公空间界面设计	任务七办公空间室内陈设设计	任务八办公空间设计方案表现	任务九办公空间施工制图	任务十办公空间设计汇报
任务说明	了解公共空间设计和办公空间设计的基础理论、明确办公空间设计项目任务、成立项目设计团队、明确设计目标、制订设计计划表									
知识目标	1. 了解公共空间设计的基础理论 2. 了解办公空间设计的基础理论									
能力目标	1. 明确办公空间设计项目的目标 2. 明确项目任务书的要求、标准 3. 能根据项目任务书制订设计计划表									
工作内容	1. 了解常识：学习公共空间设计和办公空间设计的基础理论 2. 项目启动：接受办公空间设计项目任务，了解项目相关信息 3. 确定团队：成立项目设计团队，以团队管理模式组织教学 4. 明确标准：明确办公空间设计项目的目标、要求、环节、标准									
工作流程	知识准备→成立团队→研究任务→制订计划									
评价标准	1. 基础知识的理解能力　40% 2. 项目任务的解读能力　40% 3. 项目设计团队的表现情况　20%									

环节一　知识探究

一、公共空间设计概述

1.什么是"公共"

"公共"的意思是平等地共享、交流、显示。"公共空间"（Public Space）中的"公共"（Public）一词应该包含两重意思，一是"公众所有的"，也就是"大家的""共有的"；二是"公开的"，也就是"当众的""发表的"。

2.什么是"公共空间"

"公共空间"是指具有开放、公开特质的空间，是公众参与和认同的空间。公共空间不局限于地理的概念，还包括进入空间的人，以及在空间内人与人之间的交流与互动。

3.什么是"室内设计"

"室内"（Interior）是指建筑的内部空间。"设计"（Design）是一种构思与计划，设计师需通过一定的技术手段将这种构思与计划用视觉传达及感受传达的方式表现出来。室内设计是艺术与科技的结合，是功能、形式与技术的总体协调，可实现对物质条件的塑造与精神品质的追求，以创造人性化的环境为最高理想与最终目标。

公共空间是指具有开放、公开特质的空间（广州大剧院，设计：扎哈·哈迪德建筑事务所）

室内设计——建筑内部空间的构思与计划（纽约地平线媒体办公室，设计：A+I Architecture）

4. 如何做一名优秀的室内设计师

要成为一名优秀的室内设计师，你需具备多方面的综合素质，主要包括室内设计师的个人审美能力、室内设计相关的专业知识、室内设计的表达与表现能力。

（1）室内设计师的个人审美能力

对建筑历史类知识的学习与归纳是培养审美能力的重要途径。

（2）室内设计相关的专业知识

室内设计相关的专业知识包括室内物理学、建筑与室内结构学、环境心理学与社会心理学、设计原理与设计流程等。

室内设计相关的专业知识

（3）室内设计的表达与表现能力

室内设计的表达与表现能力包括沟通能力和文字整合与表达能力，在设计流程的掌握、草图表达、正规效果图表达、CAD制图、成果编排整合等工作中具有重要作用。

室内设计的表达与表现能力

5.公共空间设计的分类

公共空间设计的范围很广，我们对其进行分类的主要目的有两个：一是更好地理解不同公共空间的设计特征，明确所设计的空间的使用性质、基本功能和要求；二是分阶段掌握公共空间设计的方法，如从小到大，从易到难，从自由的空间到特殊限定的空间等。公共空间设计可分为对以下8类空间的设计。

民发集团总裁办公室

（1）办公空间

办公空间指所有与工作相关的公共空间，从大公司的集团总部到小型办公室均属于办公空间。

（2）商业空间

商业空间包括大型的百货商店、综合超市、购物中心及小型的专卖店等。

西安华润五彩城

（3）餐饮空间

餐饮空间指所有的公共饮食场所，包括酒吧、咖啡馆、快餐店等。

四川格兰会公馆的西餐厅和酒吧

（4）娱乐空间

娱乐空间包括KTV、美容院、健身中心、洗浴中心等。

郑州畅歌KTV

（5）酒店空间

酒店空间指所有的与住宿相关的公共设施和场所，如宾馆、酒店、会所、度假村等。

南昌洗药湖避暑山庄

（6）展示空间

展示空间指用以展示和推广产品或提供服务的场所，包括博物馆、美术馆、样板间和公共空间里的展示陈列空间等。

361°品牌展示空间设计

（7）教育空间

教育空间包括学校、少年宫、校外培训机构等，供具有特定目的的人群使用。

（8）特殊空间

特殊空间是指交通、医疗场所及剧院等可以满足特殊需要的公共空间，其特殊用途决定了其设计的特殊性。

受篇幅所限，本书以办公空间设计、酒店空间设计两个项目为例，介绍公共空间的设计方法。

二、办公空间设计概述

1.什么是"办公空间设计"

"办公空间设计"是指对办公空间布局、格局、空间等方面的物理和心理分割。有别于购物、餐饮、娱乐、医疗、住宅等其他功能性空间设计，办公空间设计的最大目标是为工作人员创造一个舒适、方便、卫生、安全、高效的工作环境，以便最大限度地提高其工作效率。

随着社会竞争的不断加剧，办公空间已不仅仅是创造财富与价值的工作空间，也已成为人们交流信息、扩大交往面的社交场所。同时，办公空间还是一家企业或机构宣传其企业文化或机构形象的主要窗口。因此，办公空间设计要符合行业从业人员的整体审美情趣，在维护约定俗成的行业形象的基础上，进行富有个性的设计开发。

办公空间是能够创造价值的群体性工作场所（厦门三普科技有限公司）

总体而言，办公空间的规划与设计在空间分配、材料使用、灯光布置、色彩选择、用品配置等各方面均要满足具有特定工作性质的企业或机构的业务处理的系统性要求，同时也要符合人们正常的行为习惯。从而创造一个安全、高效、舒适且富有情趣的工作环境。

2.办公空间的基本特征

（1）信息交流的场所

现代办公空间已从传统意义上作为信息处理、储存的空间转化成为更加注重信息交换、分享的空间。在现代社会中，工作不仅是人们创造财富的手段，也是人们更新知识、与他人交流的途径。现代办公空间的规划与设计要注重对内、对外不同程度的私密性与开放性的平衡，不仅要保证对外信息的有效传递，还要防止机密情报的外泄，同时要确保内部知识的自由交流与分享。

（2）群体工作的场所

现代办公机构的工作基本是团队性的，现代办公空间亦是能够创造价值的群体性工作场所。办公机构大多由多个部门组成，同一部门的工作人员也会有行政管理上的级别差异。因此，现代办公空间的规划与设计既要注意环境的群体性，便于团队成员之间的沟通与合作，又要注意空间的个体性，满足员工在生理和心理上的空间需求，便于个体为整体工作贡献其特殊的价值。

（3）动态能动的空间

现代办公空间设计更加注重提升员工工作质量，其规划不再固定为同一种模式，人们的工作地点也可随着团队化与更具个性的工作方式之间的不断转换而流动于内、外办公空间的任何区域。因此，现代办公空间的规划与设计应在机构基本部门的空间框架相对固定的基础上，更注重动态的信息交流，力求打造一个更宽松、更自由的工作环境，以便员工充分发挥其主观能动性与集体工作精神，创造更多的商业与社会价值。

现代办公空间更加注重动态的信息交流

环节二　项目启动

一、设计准备

设计准备是整个设计工作开展的基础。在项目设计开始之前，设计师应对将要进行的设计项目进行明确的规划。

1.明确设计目标

明确设计目标是项目启动阶段首先要进行的工作，设计师只有明确要做什么，才能思考怎么去设计。设计师应当从功能需要、审美意象等不同角度了解项目需要解决的问题，拟定设计目标作为整个项目设计的基准。

办公空间设计是公共空间设计工作坊的第一个设计项目，其目的是了解公共空间的特点，即研究人的群体行为与空间形态之间的关系。设计师需要结合对室内材料、灯光系统等因素的初步了解，用二维与三维相结合的综合技术手段进行空间的体验表达。办公空间设计的目标有以下3个。

①结合当下的社会背景、行业状况，创造具有革新精神的工作行为和方式。

②在设计中强调时间与场所的关系，由空间功能引申出空间形态的发展。

③关注当下，使设计理念与科学技术、材料系统的实践与控制相互渗透。

2.制订设计计划表

办公空间设计应有具体的设计计划表，设计师必须对设计任务进行计划，从内容分析到工作安排，形成一个设计任务的总体框架。办公空间设计是一项综合性较强的工作，设计师必须拥有清晰的工作进度与思路。

办公空间设计的基本流程通常包括设计准备、方案设计、施工图设计、设计实施等4个环节。公共空间设计工作坊按照室内设计岗位的工作流程开展教学，设置了"项目启动→设计调查→概念设计→平面布置→系统设计→界面设计→室内陈设设计→方案表现→施工制图→设计汇报"等基于项目过程导向的10项工作任务。

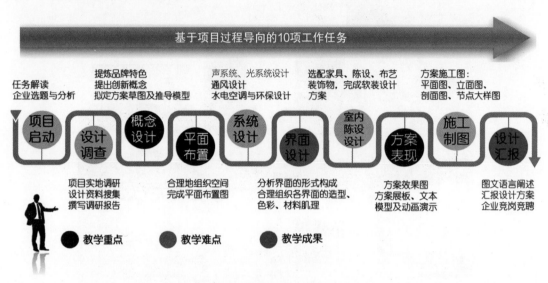

基于项目过程导向的10项工作任务

3.设计资料和文件管理

在项目设计开始之前，设计师应将设计项目的原始资料进行整理，包括建筑施工图纸、建筑设计方案、项目任务书、甲方项目设计参考等，建立规范的项目管理文件（详见配套资源对应项目环节），以便后期设计任务的开展。

常见的项目管理文件

二、编制项目任务书

项目任务书是项目委托方提交给设计单位的技术文件，是设计单位进行项目设计的重要依据，也是项目委托方评判设计方案的重要依据。项目任务书通常包括项目名称、建设地点、项目概况、项目要求等内容。

办公空间设计项目任务书示例"广州保利金融大都汇办公样板间室内设计项目任务书"（内容如下详见配套资源）。

广州保利金融大都汇办公样板间室内设计项目任务书

项目名称

广州保利金融大都汇办公样板间室内设计。

建设地点

广州市天河区。

项目概况

保利金融大都汇位于广州市天河区。项目位于金融城版块，西邻科韵路，东至车陂路，北至黄埔大道，南至珠江。项目总建筑面积约为22万平方米，总占地面积约为2万平方米。

项目要求

项目要求在保留原有空间建筑结构及相关固定设施的前提下，进行自由选题。项目鼓励突破传统的办公空间设计理念，在工作模式和空间形态方面做出大胆的创新和探索。

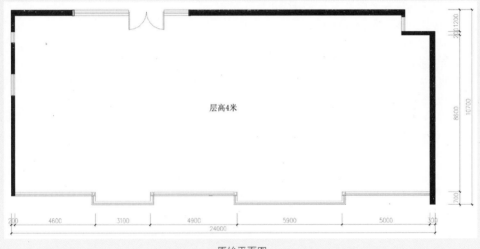

原始平面图

1.室内设计依据

（1）中华人民共和国国家标准《建筑装饰装修工程设计规范》。

（2）项目委托方提供的建筑、结构、设备等相关条件图纸。

（3）本项目任务书。

2.功能要求

需满足前台接待、等候、办公、举行会议、开展活动、提供茶水、展示、贮存资料等基本功能。

3.设计要求

（1）必须满足功能要求，在此基础上可自行增设特殊区域。

（2）可自行选定或设定公司的企业形象，并根据企业形象确定设计风格。

（3）基地条件中，下方落地玻璃幕墙不可变动，门窗位置及墙体可变动。

（4）需考虑外立面入口处的设计与室内空间整体风格的延续性和统一性。

4. 工作范围

按照项目任务书的要求，需提供A3方案册，其具体内容如下。

（1）封面：含项目名称，表达主题的副标题（关键词或短语）。

（2）客户分析：公司情况分析与功能计划书。

（3）设计主题：表达公司的整体形象定位及整体设计概念。

（4）设计概念：含概念图片及概念草图、文字。

（5）设计过程：含设计过程中的草图，以展示方案演变过程，草图数量在10张以上。

（6）图纸内容：平面图、地面图、天花图、立面图、剖面图。

（7）方案效果：整体空间鸟瞰图或轴测图（2张以上），各功能空间效果图（6张以上），特殊节点的细部做法透视图（如前台、家具、灯具等，5张以上），设计分析图（如流线分析、功能分区、材料色彩、照明系统、家具陈设等）。

5. 执行标准

（1）每组成员2名。

（2）成果评价。

①设计构思与使用者特点紧密结合，占20%。

②设计方案合理，占30%。

③条理清晰，设计过程系统详细，占20%。

④图纸表现的视觉性强，占30%。

课程总成绩评定：总分100分，考勤占10%，前期参与占20%，后期完善占20%，成果评价占50%。

（3）设计周期为4周，共48个课时。

6. 设计团队

设计师	联系电话	任务职责

三、案例展示

1. 办公空间设计成果

办公空间设计成果通常包括方案设计、施工图设计两部分内容。

（1）方案设计

方案设计按照设计程序分为设计提案、方案效果、软装设计3部分。

①设计提案：康大制药集团室内设计方案（详见配套资源）。

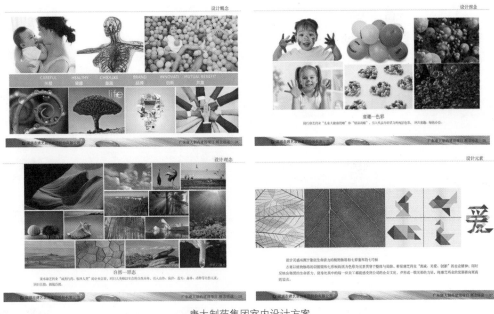

康大制药集团室内设计方案

②方案效果：武汉融海投资办公室室内设计方案（详见配套资源）。

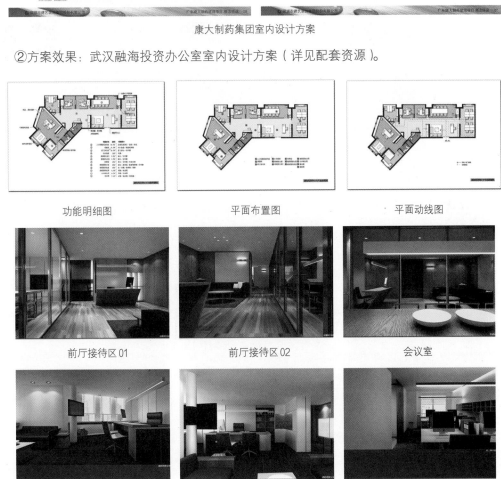

武汉融海投资办公室室内设计方案

③软装设计：武汉融海投资办公室软装设计方案（详见配套资源）。

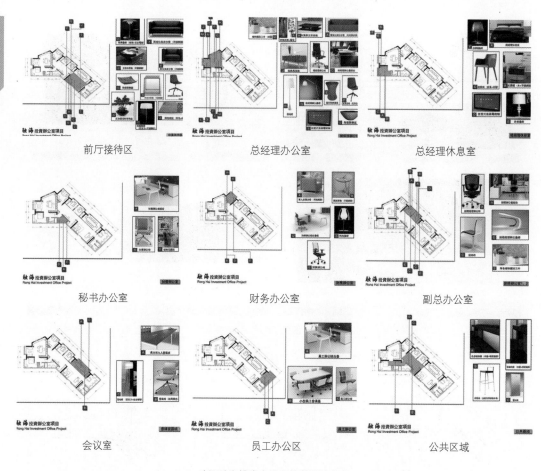

前厅接待区　　　　　　总经理办公室　　　　　　总经理休息室

秘书办公室　　　　　　财务办公室　　　　　　副总办公室

会议室　　　　　　员工办公区　　　　　　公共区域

武汉融海投资办公室软装设计方案

（2）施工图设计

施工图设计包括平面图、立面图、节点大样图、水电图、表格系统等。

2.办公空间设计学生作品

案例分析：皮克斯工作室办公空间设计（详见配套资源）。

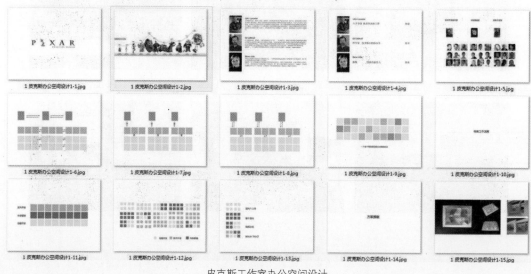

皮克斯工作室办公空间设计

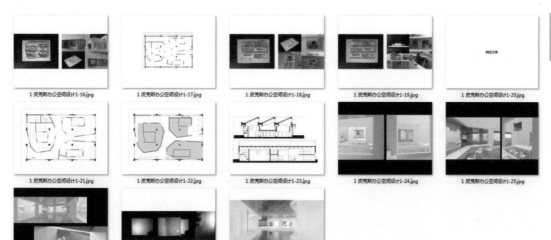

皮克斯工作室办公空间设计（续）

小结

1.了解常识。学习公共空间设计和办公空间设计的基础理论。

2.项目启动。接收办公空间设计项目任务书，了解项目相关信息。

3.确定团队。成立项目设计团队，以团队管理模式组织教学。

4.明确标准。明确办公空间设计项目的目标、要求、环节、标准。

思考与训练 1-1

1.试阐述公共空间设计的分类。

2.试阐述办公空间的基本特征。

3.试阐述办公空间设计的基本流程。

4.作为未来的设计师，你需要付出哪些努力？

任务二　办公空间设计调查

任务表1-2

项目一	任务一办公空间设计项目启动	任务二办公空间设计调查	任务三办公空间概念设计	任务四办公空间平面布置	任务五办公空间系统设计	任务六办公空间界面设计	任务七办公空间室内陈设设计	任务八办公空间设计方案表现	任务九办公空间施工制图	任务十办公空间设计汇报
任务说明	了解办公空间的性能分类和功能分区，针对设计要求、企业文化、环境条件、经济因素等进行设计调查，开展资料搜集和实地调研									
知识目标	1. 了解办公空间的性能分类和功能分区 2. 了解办公空间的企业文化的主要内容 3. 了解办公空间的环境条件的主要内容									
能力目标	1. 能够分析项目任务书的具体要求 2. 能够对企业文化进行调查分析 3. 能够对环境条件进行调查分析 4. 能够搜集设计规范和参考资料 5. 能够进行实地调研，发现并提出问题									
工作内容	1. 利用书籍、网络、实地调研等途径，搜集、分析设计项目的相关资料 2. 编制办公空间设计调查报告，文件格式为PPT									
工作流程	知识准备→设计要求分析→企业文化调查→环境条件调查→经济因素分析→资料搜集→实地调研									
评价标准	1. 企业文化调查 20% 2. 环境条件调查 20% 3. 资料搜集 20% 4. 实地调研 20% 5. 编制调查报告 20%									

环节一　知识探究

一、办公空间的性能分类

　　人类社会发展到今日，社会分工越来越明确。办公空间的功能可以根据业务范围的不同划分为行政管理型、专业咨询型以及综合服务型3类。办公机构可以是独立存在的经营单位，也可以是某一大型企业或公共服务行业中行政管理部门的总体集合。因此，办公空间的设计要根据其功能及周围环境进行整体规划。

1.行政管理型

　　行政管理型办公机构主要是指国家机关、企业、事业单位的行政管理部门，或者是以事务管理为主要业务的服务性私人机构，如律师事务所、旅行社、信息咨询公司等。行政管理型办公机构的业务以文案处理为主，各部门及上下级之间的工作分工明确，讲求系统、快速、高效。

　　案例分析：深圳前海荟办公室。

　　该项目位于深圳市宝安区，主营业务为高新科技以及电子类别。设计师力求打造兼具开放活力及国际创新特点的办公环境，打破传统办公环境的束缚。在本案例的规划中，设计师从交流协作的办公理念破题，从人文关怀入手，注入未来科技感与艺术感，打造了一个充满趣味性的办公环境。

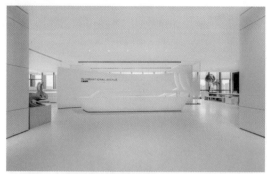

深圳前海荟办公室

2.专业咨询型

　　专业咨询型办公机构主要是指能够提供专项的业务服务和咨询服务的办公机构，如音乐制作机构、舞蹈团体机构、电影机构、广告公司、软件开发机构、传播媒体以及各类设计工作室等。专业咨询型办公机构的功能大多以交流、创造、制作为主。除了普通的行政事务，各职能部门的工作多呈平行关系，处于同一流程的不同环节，各部门通过密切合作来完成专业咨询服务。

　　案例分析：布达佩斯SPA式办公室。

　　布达佩斯SPA式办公室以抽象元素为主题，包容多元文化，是一个以人为本的讲求高效的办公室。布达佩斯以温泉闻名，设计师便以温泉和水球为设计概念，展示出了运动和商业的精神，设计出了桑拿浴室风格、蒸汽浴室风格、水球馆风格、室外沙滩风格的办公讨论区。

布达佩斯SPA式办公室

3.综合服务型

综合服务型办公机构主要是指较大型的公共服务机构，如银行、保险公司、房地产公司等。整体而言，综合服务型办公机构既有对外宣传、联络部门，又有内部行政管理、业务开发等部门，各部门之间既穿插上下级的等级关系，又运行流水线般的工作程序，而各个部门内部的工作业态则如同独立的行政管理型或专业咨询型办公机构一样，讲求个体、团体的系统协作。

案例分析：医疗科技办公楼。

医疗科技的活跃用户中，"90后"是主力军，他们年轻，有活力，追求时尚健康、有品质、艺术化的生活方式，又相信"美，可在一定程度上改变人生轨迹"。在此理念和品牌属性的影响下，设计师布局办公和诊疗空间，营造出"舒适温暖，积极自信，时尚艺术，活力阳光"的氛围。

医疗科技办公楼

二、办公空间的功能分区

办公空间按其功能需求一般可分为办公用房、公共用房、服务用房和附属设施用房。

1.办公用房

办公用房是指具有专业或专用性质的办公空间，如开放办公区、小单间办公室、大空间办公室、单元型办公室、公寓型办公室、景观办公室等。

最美期待科技的员工开放办公区

中原地产总部的员工独立办公模块

保利·未来大都汇办公样板间的董事长办公室

见微知筑工作室——公寓型办公室

2.公共用房

公共用房是办公空间人际交往或内部人员开展聚会、展示等活动的办公空间，包括前厅、等候区、会客厅、会议室、展示厅等。

建发集团大阅城办公楼总部的前厅、等候区、会议室、电梯厅等公共用房

3.服务用房

服务用房是具有提供资料、收集信息、编制、交流、贮存等用途的办公空间，如资料室、档案室、文印室、晒图室等。

4.附属设施用房

附属设施用房是为内部工作人员提供生活及环境设施服务的办公空间，如茶水间、卫生间、更衣间、变配电间、空调机房、员工餐厅等。

保利·未来大都汇办公样板间的茶水间、员工休息区

环节二　设计调查

设计调查的目的是通过对设计要求、企业文化、环境条件、经济因素等内容系统全面的分析研究，并对同类型项目开展资料搜集与实地调研，来为方案设计确立科学的依据。

一、办公空间设计要求分析

设计要求主要是以项目任务书的形式呈现，主要包括物质要求（功能要求）和精神要求（风格要求）两个方面。设计要求分析的主要内容如下。

①了解工作的基本状况和具体设计内容。

②充分理解项目委托方的设计要求与期望，尽可能把握设计意向与设计想法。

③仔细核对原始资料的相关信息，找出不完善或不理解的地方，便于在场地实测环节进行更正。

设计师应当对项目委托方提供的项目任务书和图纸资料进行分析。

二、办公空间企业文化调查

企业文化是办公空间设计的文化依据。通过对企业文化的调查分析，设计师可以很好地把握企业文化对办公空间设计的制约和影响。企业文化调查的主要内容包括以下几个方面。

①企业的名称、类型。

②企业的理念、愿景、远景、目标。

③企业形象系统，含logo、形象色等。

④客户对象，含年龄段、性别、知识层次、薪资阶层等。

案例展示1：HOGRI公司企业文化调查。

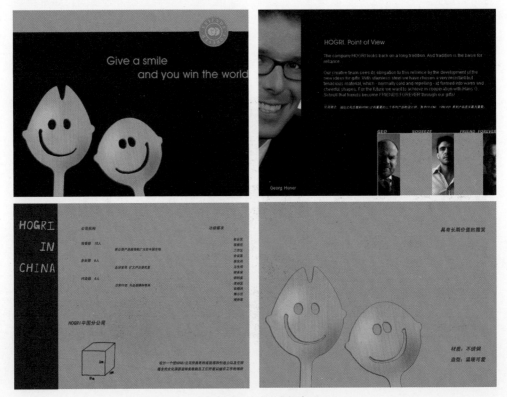

HOGRI公司企业文化调查

HOGRI 公司企业文化调查（续）

案例展示2：三宅一生企业文化调查。

三宅一生企业文化调查

三宅一生企业文化调查（续）

三、办公空间环境条件调查

环境条件是办公空间设计的客观依据。通过对环境条件的调查分析，设计师可以很好把握环境条件对办公空间的制约和影响。环境条件调查的主要内容包括以下几个方面。

①气候条件：四季冷热、干湿、雨晴和风雪情况。

②地形地貌：平地、丘陵等，有无植被、山川湖泊等。

③景观情况：自然景观资源及日照、朝向条件。

④周边建筑：周边建筑状况，包括未来的规划设计。

⑤市政设施：水、暖、电、气、污等管网的分布及供应情况。

⑥污染情况：相关的空气污染、噪声污染和不良景观的方位及状况。

案例分析：璞逸办公会所环境条件调查。

璞逸办公会所环境条件调查

四、办公空间经济因素分析

办公空间经济因素分析是指对项目委托方所能提供的用于建设和设计的实际经济条件进行分

析。经济因素是确定办公空间设计的质量等级、材料应用及设备选择的决定性因素。

五、办公空间资料搜集

学习并借鉴优秀办公空间设计的实践经验，了解并掌握相关的设计规范，既是避免走弯路、走回头路的有效方法，也是认识并熟悉办公空间设计的有效途径。因此，进行办公空间设计时，设计师必须学会搜集并使用相关设计规范和参考资料。

1.设计规范

设计规范是为了保障项目的质量水平而制定的，设计师应当严格执行办公空间设计所涉及的专业规范，因为它关系到人们的公共安全和身体健康。设计规范主要包括消防规范、日照规范、交通规范等内容。

2.参考资料

搜集同类项目的相关信息、发展趋势，有益于形成设计概念，启发设计灵感，同时为项目设计的针对性、适用性、可行性等方面提供参考。搜集参考资料，对相关信息进行及时详细的记录，可以为下一步的设计工作做好充分准备。

六、办公空间实地调研

实地调研应本着性质相同、内容相近、规模相当、方便实施的原则。实地调研的内容通常包括一般技术性了解和使用管理情况调研两方面。一般技术性了解主要包括设计构思、总体布局、平面布置、空间造型、设计风格与材料应用等内容的调研，而使用管理情况调研主要指使用和管理两方面的直接调研。

资料搜集与实地调研通常在拿到项目任务书后进行，但通常贯穿于项目始终，设计师应有针对性地分阶段进行。

小 结

1.企业文化调查。对企业形象、愿景、客户对象等进行调查分析。
2.资料搜集。对同类型项目的相关资料进行搜集整理。
3.实地调研。对同类型项目进行实地调研。
4.编制调查报告。以PPT格式编制调查报告。

思考与训练 1-2

以小组为单位确定办公空间设计的最终选题，对企业文化进行分析，搜集整理参考资料，对同类型项目进行实地调研，对办公空间的设计风格、功能分区、交通流线、设计手法、软装设施等要点进行考察分析，完成办公空间设计调查报告。

文件格式：PPT。

任务三 办公空间概念设计

任务表 1-3

项目一	任务一办公空间设计项目启动	任务二办公空间设计调查	任务三办公空间概念设计	任务四办公空间平面布置	任务五办公空间系统设计	任务六办公空间界面设计	任务七办公空间室内陈设计	任务八办公空间设计方案表现	任务九办公空间施工制图	任务十办公空间设计汇报
任务说明	确定办公空间的功能、形态、色彩等整体概念，了解办公空间概念设计的内容与方法									
知识目标	1.了解办公空间概念设计的内容 2.了解办公空间概念设计的方法									
能力目标	1.确定办公空间的功能、形态、色彩等整体概念 2.能够从企业具体功能特点入手对办公空间进行概念设计 3.能够从企业形象识别系统入手对办公空间进行概念设计 4.能够从客户需求、经济因素、地域文化等角度入手对办公空间进行概念设计									
工作内容	1.整理分析调查阶段搜集的设计规范和参考资料 2.分析办公空间的功能特点及运营模式 3.分析办公空间的企业形象识别系统 4.确定办公空间的功能、形态、色彩等整体概念									
工作流程	知识准备→资料整理→功能特点分析→企业形象识别系统分析→其他因素分析→概念设计									
评价标准	1.资料整理 20% 2.功能特点分析 20% 3.企业形象识别系统分析 20% 4.功能、形态、色彩概念设计 40%									

环节一 知识探究

一、概念设计概述

概念设计是完整而全面的设计过程。设计师通过概念设计将繁复的感性思维和瞬间思维上升到统一的理性思维从而完成整个设计。例如，广州市歌剧院和广东省博物馆新馆的概念原型分别来源于"珠江边的两块砾石"和"东方藏宝阁"。

概念是空间之魂，概念设计是由抽象到具象的设计过程。

二、办公空间概念设计

办公空间概念设计是通过功能、形态、色彩等方面来实现的。

1.功能

企业的功能特点与运营模式是企业走向成功的重要因素。设计师应当根据企业的行业特征、客户需求等，提炼具有企业鲜明特点的功能体验形式，并思考企业各功能体之间的运营模式，定

广州市歌剧院——"珠江边的两块砾石"

广东省博物馆新馆——"东方藏宝阁"

位不同级别、不同部门的工作需求，最大限度地提高员工的工作效率与增强员工的创新能力。

案例分析：Inteltion公司办公室改造。

主题：在办公室来一场健身运动。结合互联网企业的职业特征和功能特点，引入健身运动主题，寓工作于运动，注重员工健康。

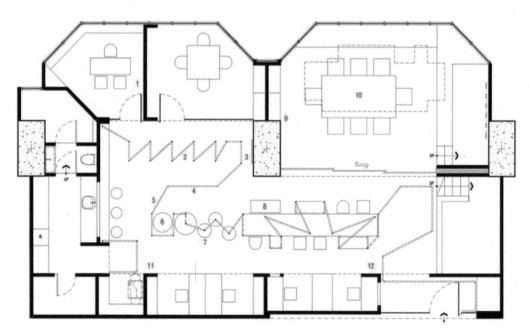

Inteltion公司办公室改造

Inteltion公司办公室改造（续）

2.形态

企业文化是一个办公空间无形的精神集合。办公空间通常以抽象的几何形态作为空间规划和空间内涵的构成依据和参考，办公空间形态设计可以从企业的行业特征、企业形象识别系统、客户需求等角度出发，运用点、线、面、体等构成元素，结合重复、渐变、韵律、变异等构成手法进行演绎。形态要素作为企业的视觉代表与整体环境相结合，可带来清晰的结构辨识与认同，烘托办公环境的文化品位和营造空间的文化气氛。

案例分析1：广州悦蒂威服饰有限公司。

主题：圆·梦。运用"圆"元素进行形态的重复、渐变、韵律、变异。

案例分析2：螺旋花园美甲店。

主题：闪耀星光。运用"点"元素进行韵律变化，表现"闪耀星光"的主题，表达人人都可以做生活的主角的概念。

广州悦蒂威服饰有限公司

螺旋花园美甲店

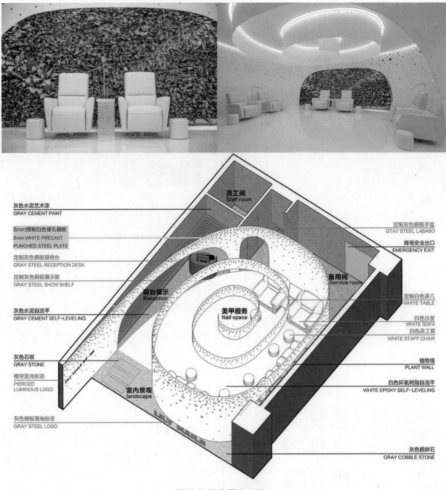

灰色水泥艺术漆
GRAY CEMENT PAINT

8mm预制白色穿孔钢板
8mm WHITE PRECAST
PUNCHED STEEL PLATE

定制灰色钢板接待台
GRAY STEEL RECEPTION DESK

定制灰色钢板展示架
GRAY STEEL SHOW SHELF

灰色水泥自流平
GRAY CEMENT SELF-LEVELING

灰色石板
GRAY STONE

镂空发光标志
PIERCED
LUMINOUS LOGO

灰色钢板落地标志
GRAY STEEL LOGO

员工间
Staff room

定制灰色钢板手盆
GTAY STEEL LABABO

商场安全出口
EMERGENCY EXIT

备用间
Service room

定制白色茶几
WHITE TABLE

白色沙发
WHITE SOFA

白色员工凳
WHITE STAFF CHAIR

植物墙
PLANT WALL

白色环氧树脂自流平
WHITE EPOXY SELF-LEVELING

灰色鹅卵石
GRAY COBBLE STONE

前台展示
Reception

美甲服务
Nail space

室内景观
landscape

螺旋花园美甲店（续）

3.色彩

办公空间色彩设计通常以企业形象识别系统（Corporate Identity System，CIS）为出发点。现代办公空间的环境色彩通常以简洁为主，意在营造一个快捷、高效的办公环境。即使在以创意为主、讲求个性的艺术性信息咨询服务机构，其环境色彩的选择也不应过于纷繁复杂。办公空间的色彩可归纳为3个方面：作为主体的界面色彩、作为主景的家具与隔断色彩和作为点缀的陈设与装饰品色彩。

案例分析：Playster公司总部办公室。

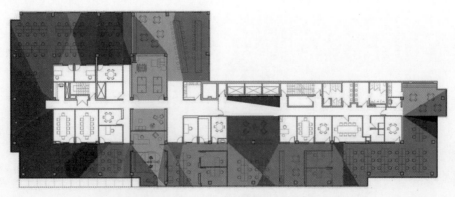

Playster公司总部办公室：以色彩渐变的手法进行空间功能的串联

Playster公司总部办公室：以色彩渐变的手法进行空间功能的串联（续）

环节二　概念设计

在完成项目启动和设计调查任务以后，我们对设计要求、环境条件及相关的设计案例已经有了一个比较系统全面的了解和认识，在此基础上可以进行办公空间概念设计。如果把办公空间设计比喻为写作文的话，那么概念设计环节就相当于确定文章的主题思想，作为办公空间设计的行动原则和境界追求，其重要性不言而喻。

一、办公空间概念设计的内容

办公空间概念设计是对办公空间特征的理性理解。设计师通过提取设计概念，以设计概念为主导，对空间、材料、照明、色彩、配饰等进行综合性的整体设计。办公空间概念设计的内容如下。

①收集企业提供的建筑图纸、设施设备安装图纸等资料，及其对项目设计的意向和要求，并进行综合整理。

②研究企业的功能特点和运营模式，以效率最大化为目标，分析企业各功能体布局的可行性，挖掘企业独特的平面布局形式。

③研究企业形象识别系统及行业特征，结合对企业文化的挖掘，充分运用人文资源，提炼企业的独特设计要素。

④根据项目任务书的要求，结合建筑形态及视觉特征等因素，独具创意地策划办公空间的功能、形态、色彩。

二、办公空间概念设计的方法

办公空间概念设计可以从以下几个方面进行构思。

①从具体功能特点入手。更合理、更富有新意地满足功能要求一直是办公空间设计的核心。在具体设计实践中，具体功能也是办公空间概念设计的主要突破口之一。

②从企业形象识别系统入手。企业形象识别系统通常代表着企业的文化内涵，富有个性特点的标识、色彩、吉祥物等均可成为办公空间概念设计的启发点和切入点。

③除了功能特点和企业形象识别系统外，客户需求、经济因素、地域文化等也可以成为办公空间概念设计的切入点和突破口。

三、办公空间概念设计实践

概念设计：乐高研发体验中心概念设计。

将乐高多变的插接方式引入办公空间，设置A、B、C、D共4种插接原型，对空间的功能、形态、色彩进行组合变化，完成乐高研发体验中心的概念设计。

乐高是一家玩具公司，于1932年成立于丹麦。乐高玩具是世界最受欢迎的玩具产品之一。

经典乐高积木

创意研发部　负责乐高玩具新主题的创作研发以及其他领域，例如雕塑、电子游戏、艺术品、电影动画、数码产品的拓展。

体验活动中心　定期举行体验活动，例如亲子游戏，乐高拼装比赛等。将研发部的新产品放入其中，获得客户的反馈，同时起到宣传与推广的作用。

将乐高**多变的插接方式**引入办公空间

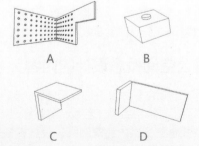
A　B　C　D

乐高研发体验中心概念设计

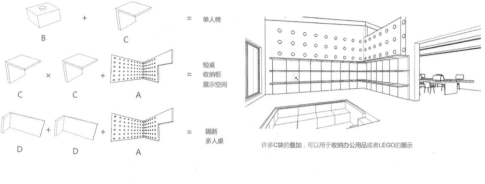

许多C块的叠加，可以用于收纳办公用品或者LEGO的展示

根据人数的不同，灵活地将办公空间分成大小不一的隔断，进行体验活动或工作讨论

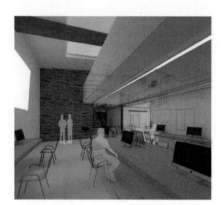

在体验中心不举行活动时，可以作为工作区的拓展空间

乐高研发体验中心概念设计（续）

小结

1. 概念设计。提炼办公空间的功能、形态、色彩等整体概念。

2. 功能特点分析。从企业具体功能特点入手对办公空间进行概念设计。

3. 企业形象识别系统分析。从企业形象识别系统入手对办公空间进行概念设计。

4. 客户需求、经济因素、地域文化分析。从其他角度入手对办公空间进行概念设计。

思考与训练 1-3

以小组为单位进行办公空间概念设计，从企业的功能特点、企业形象识别系统、客户需求3个角度进行系统分析，整理具有代表性的概念设计资料，最终完成办公空间概念设计方案文本。

文件格式：PPT。

任务四 办公空间平面布置

任务表 1-4

项目一	任务一 办公空间设计项目启动	任务二 办公空间设计调查	任务三 办公空间概念设计	任务四 办公空间平面布置	任务五 办公空间系统设计	任务六 办公空间界面设计	任务七 办公空间室内陈设设计	任务八 办公空间设计方案表现	任务九 办公空间施工制图	任务十 办公空间设计汇报
任务说明	了解办公空间平面布置的基础理论，绘制规范的办公空间平面布置图									
知识目标	1. 了解室内空间的概念、结构、属性 2. 了解室内空间的类型 3. 了解室内空间的形式法则 4. 了解室内空间的流线和序列 5. 了解办公空间的动态流线 6. 了解空间规划和绘制平面布置图的要点									
能力目标	1. 明确办公空间的功能分区和面积比例 2. 明确办公空间各功能分区的属性及类型 3. 明确办公空间内部的流线与序列 4. 熟练运用制图软件绘制办公空间平面布置图									
工作内容	1. 确定办公空间的功能分区和面积比例 2. 分析办公空间各功能分区的属性及类型 3. 分析办公空间内部的流线与序列 4. 按比例绘制规范的办公空间平面布置图									
工作流程	功能分区设计→面积比例设计→空间属性分析→交通流线设计→空间规划方案→平面布置图绘制									
评价标准	1. 空间布置的合理性（空间构成情况）30% 2. 室内陈设的适用性（家具尺度情况）30% 3. 方案制图的规范性（视觉效果情况）30% 4. 工作过程的有序性（过程图文情况）10%									

环节一 知识探究

一、室内空间概述

1. 室内空间的概念

老子在《道德经》中提出："三十辐共一毂（gū），当其无，有车之用。埏（shān）埴（zhí）以为器，当其无，有器之用。凿户牖（yǒu）以为室，当其无，有室之用。故有之以为利，无之以为用。"这段文字包含了老子"有无相生"的辩证论点，同时也揭示出人类利用物质材料和技术手段创造房屋的根本目的——不在于门、窗、墙等有形部分，而在于"无形"部分，也就是空间，以空间来容纳人类的生活内容。

现代室内空间设计更强调对空间环境整体系统的把握，综合运用建筑学、社会学、环境心理学、人体工程学、经济学等多学科的研究成果，紧密结合技术与艺术手段进行整合设计。现代室内空间设计的重心已从建筑空间转向时空环境（三维空间＋时间因素），以人为主体，强调人的参与和体验，对建筑所提供的内部环境进行调整和处理，在建筑设计的基础上进一步调整空间的尺度和比例，以解决好空间与空间之间的衔接、对比和统一等问题。

维特鲁威有一句格言——"便利、坚固、快乐"，至今仍广为流传。这句格言可以被看作建筑与室内空间设计的基本准则。

"便利"指的是物品的功能，即这个物品到底好不好用，能不能完成自己的使命。

"坚固"指的是物品的结构完整性，即这个物品是否耐用，是用什么材质制成的，能不能承受自身及其负荷物品的重量。

"快乐"指的是物品是否具有美学价值，即这个物品好不好看，是不是夺人眼球，看起来是不是能够让人眼前一亮。

好的室内空间能给场景带来新的维度，能提高我们日常生活中的效率，也能增强我们对建筑环境的洞察力、理解力和价值判断力。因此，室内空间不仅是关于美学的概念，也是关于使用和哲学的概念。

2.室内空间的结构

室内空间造型建立在建筑结构形式造就的原空间基础之上，甚至有时原结构形式还对室内空间造型起着重要作用，在创造室内空间整体效果和审美意境上散发着独特的魅力。在现代技术日益发达的今天，如何利用、驾驭建筑的原结构形式，使之更充分地融入室内空间，是室内设计师的重要任务。室内设计师必须具备必要的结构知识，熟悉和掌握各种结构体系的性能、特点。

常见的建筑结构有以下4种。

（1）框架结构

框架结构是由梁和柱子组合而成的一种结构。它能使建筑获得较大的室内空间，而且其平面布置比较灵活。由于框架结构把承重结构和围护结构完全分开，这样无论内墙还是外墙，除自重外均不承担任何结构传递给它的荷载。这给空间的组合、分隔带来了极大的灵活性，此种结构多用于大开间的公共建筑。

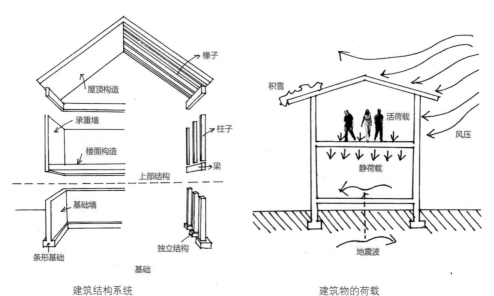

建筑结构系统　　　　　　　　建筑物的荷载

（2）剪力墙结构

剪力墙结构是高层建筑中常用的一种结构形式，高层建筑全部由剪力墙承重，不设框架，这种建筑结构实质上是将传统的砖混结构转换为钢筋混凝土结构。在建筑平面布置中，有部分钢筋混凝土剪力墙和部分轻质隔墙，以便有足够的强度来抵抗水平荷载。剪力墙结构的建筑平面会使室内设计的灵活性受到一些限制，因为只有部分轻质隔墙可以拆除。

（3）筒体结构

筒体结构具有极大的强度和刚度，建筑布置灵活，可以形成较大的空间，尤其适用于商业建筑。由两个筒体组成的结构称为筒中筒结构，它是由外筒和内筒通过刚度很大的楼板平面结构连接成整体而形成的。外筒就是外部框架筒，多由密排柱及连接密排柱的截面较大的窗幕墙组成。内筒一般是由电梯间、楼梯间等组成的薄壁井筒。筒中筒结构体系抗侧向水平力的能力很强，在超高层建筑中被广泛应用。

（4）钢结构

钢结构的主要承重构件全部采用钢材制作，它与钢筋混凝土建筑相比自重较轻，适用于超高层建筑，又由于其材料的特殊性，能制成大跨度、净高大的空间，特别适合大型公共建筑。单纯从价格方面考虑，钢结构约是钢筋混凝土结构造价的2倍，钢筋混凝土结构约是混凝土结构造价的1.5倍。但从综合效益方面考虑，钢结构建筑明显优于其他建筑结构。钢结构自重轻，基础造价较低；可塑性强、韧性好，具有良好的抗震性能；占用面积少，能增加建筑的有效使用面积；空间可变性强，分隔灵活，可弹性使用，减少室内设计限制；施工速度快，工期短。这些都是其他建筑结构无法比拟的。

3.室内空间的属性

现代室内空间设计已不再仅满足人们在视觉上美化装饰的要求，而是综合运用技术手段、艺术手段创造出符合现代生活要求、满足人的心理和生理需要的室内环境。人对室内空间属性的心理感受，如室内空间的封闭与开敞、动态与静态、公共与私密等属性，显示出空间与人的心理及生理反应具有对应关系。基于此，设计师可以设计出满足人的不同情感需要的室内空间。

（1）封闭与开敞

空间的封闭与开敞主要取决于周边界面的围合程度、洞口大小等因素，随着围护实体限定度的提高，空间的封闭性逐渐增强。封闭空间是基本的空间属性之一，它具有很强的区域感、私密性和安全感，给人以温馨、亲切的感觉。开敞空间是外向性的，限定度较低、私密性较弱，强调空间与外界环境的相互交流和渗透，具有流动性和趣味性。

（2）动态与静态

动态空间通过空间的开合与视觉导向性给人以运动感，空间中常用动态韵律的线条、连续组织的界面或者对比强烈的图案或色块，使视觉处于不同的流动状态，空间方向感较明确。静态空间通过饰面、景物、陈设等营造静态的环境特征，给人以恬静、稳重之感。静态空间的限定度较高，空间及陈设的比例、尺度相对均衡、协调，以淡雅、柔和、简洁为基调。

（3）公共与私密

私密空间一般界限明确，是区域感较强的封闭空间，使用人数较少，具有鲜明的个人特征。公共空间较为开放通透，使用人数多，空间相对灵活。私密与公共空间涉及空间区域感的差别，由于人的行为的多样性，设计师可利用不同的限定方式和空间氛围营造手段达到限定空间区域感的目的。

案例分析：目心设计研究室办公空间设计。

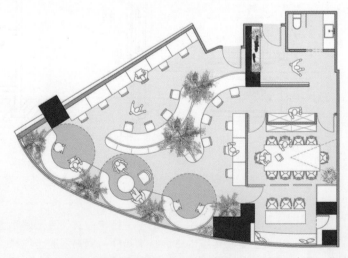

墙内之景，雅致其中，隐于钢筋混凝土的工作花园

墙内之景，雅致其中，隐于钢筋混凝土的工作花园（续）

二、室内空间的类型

亨利·列斐伏尔在《空间的生产》一书中列举了众多的空间类型：绝对空间、抽象空间、共享空间、矛盾空间、文化空间、戏剧化空间、家族空间、休闲空间、生活空间、物质空间、精神空间、自然空间、中性空间、有机空间、创造性空间、多重空间、现实空间、压抑空间、感觉空间、社会空间、透明空间、真实空间、男性空间、女性空间等。上述众多的空间类型表明了空间从来就不是空洞的，它往往蕴涵着某种意义。室内空间的类型是基于人们丰富多彩的物质和精神生活的需要划分的，常见的室内空间类型包括开敞空间、封闭空间、母子空间（包容式空间）、共享空间等。

1.开敞空间

空间的开敞或封闭会在很大程度上影响人的精神状态。开敞空间是外向性的，限定度较低、私密度较弱，强调与周围环境的交流、渗透，讲究对景、借景，以及建筑空间与大自然或周围空间的融合。和同样面积的封闭空间相比，开敞空间一般要显得大些、开敞些。它可提供更多的室内外景观，可扩大视野。在使用时，开敞空间灵活性较强，便于经常改变室内布置。在空间性格上，开敞空间是开放性的，给人的心理感觉表现为开朗、活泼。

案例分析："分享家"小猪北京办公总部。

2.封闭空间

用限定度较高的围护实体包围起来的，在视觉、听觉方面都具有很强的隔离性的空间被称为封闭空间，其具有很强的区域感、安全感和私密性。这种空间与周围环境的流动性和渗透性都较低，空间的限定度较高，与周围环境的联系较少，趋于封闭。封闭空间多为对称空间，可左右对称，也可四面对称，除了向心以外，很少有其他的空间倾向，从而达到一种静态的平衡；多为尽端空间，空间序列到尽头便结束，算是画上了句号。这类空间的私密性较强，空间及陈设的比例、尺度相对均衡、协调，无大起大落之感。

1. 开放办公区
2. 洽谈室
3. 会议室
4. 休息室
5. 接待区
6. 吧台
7. 移动会议室

平面布置 A   平面布置 B

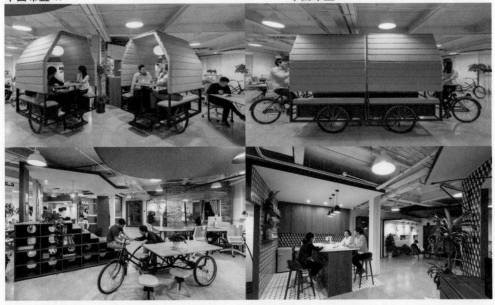

"分享家"小猪北京办公总部

3. 母子空间（包容式空间）

母子空间是对空间的二次限定，是指在原空间中用实体性或象征性的手法再限定出小空间（子空间）。这种手法在许多空间被广泛采用。它既能满足功能要求，又丰富了空间层次。许多子空间往往因为有规律的排列而形成一种重复的韵律，它们既有一定的区域感和私密性，又与大空间有一定的沟通。它使"闹中取静"得到很好的满足，群体与个体在大空间中各得其所，融洽相处。把大空间划分成不同的小空间，增强了亲切感和私密感，更好地满足了人们的心理需求，同时也较好地满足了群体和个体的需要。

案例分析：苏州昆山 X-workingspace 办公空间设计。

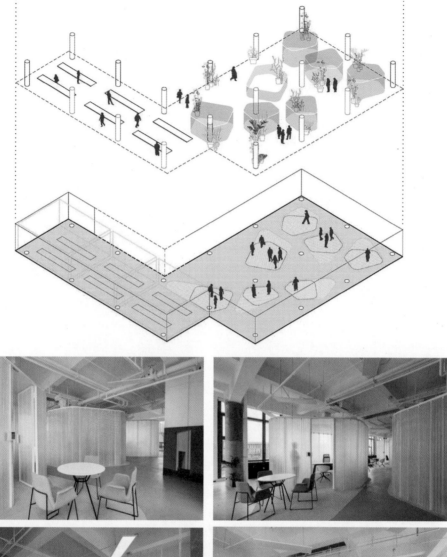

苏州昆山 X-workingspace 办公空间设计

4.共享空间

共享空间的产生是为了适应各种频繁的社会交往和满足丰富多彩的生活需要。它往往处于大型公共建筑内的公共活动中心和交通枢纽，含有多种多样的空间要素和设施，使人们无论在物质方面还是在精神方面都有较大的选择余地，是一种具备综合性、多功能的灵活空间。共享空间的特点是大中有小、小中有大，外中有内、内中有外，各种类型的空间相互穿插交错，富有流动性。共享空间充分满足了"人看人"的心理需求。共享空间倾向于把室外空间的特征引入室内，例如使大厅呈现花木繁茂、流水潺潺的景象，充满了浓郁的自然气息；电梯和自动扶梯在光怪陆离的空间中上下穿梭，使共享空间充满动感，极富生命活力和人性气息。

案例分析：灵动体块——巴塞罗那ZAMNESS共享办公空间。

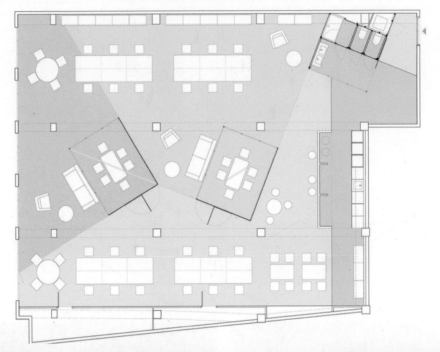

巴塞罗那ZAMNESS共享办公空间

三、室内空间的形式法则

室内空间设计包括对室内设计元素的选择及明确它们在空间中的排列情况，空间中没有一个部分或元素是单独存在的，设计师需要考虑空间中室内设计元素之间所建立的视觉关系。以秩序为原理的室内空间的形式法则如下。

1.对称

对称是指从某个位置测量时，在对称位置上有相同的形态关系。对称是基本的创造秩序的方法之一，也是取得均衡效果最直接的方法之一。对称给人的正面感觉是庄重、稳定、严肃、单纯；负面感觉有呆板、沉闷等。常见的对称形式有左右对称、平移对称、旋转对称、膨胀对称，将这4种对称形式组合运用，还可得到其他的对称形式。

运用对称形式取得视觉均衡效果（国发集团会议室）

2.均衡

在室内空间的形式法则中，均衡的概念是指感觉上形体的重心与形体的中心的重合。人们在观察周围物体时，存在追求稳定、平衡的趋势。轴对称均衡、中心对称均衡与非对称均衡是均衡的3种形式。轴对称均衡、中心对称均衡都是相对静态、正式的均衡形式；非对称均衡追求一种微妙的视觉均衡，其形式更含蓄、自由和微妙，可表达动态、变化之感。

中心对称均衡的运用（迪傲软件有限公司交流区）

3.对比

利用相反相成的因素可以加强形与形之间的相互作用。例如，大与小、多与寡、远与近、垂直与水平、上与下、疏与密、轻与重、高与低、强与弱等。利用这种方法，可轻易达到强调或突出重点的目的。在室内空间设计中，设计师经常使用对比的形式法则来突出强调空间中某个部位的视觉分量，以吸引人们的注意力。

4.节奏

形体按一定的方式重复运用，所形成的整体形态就会产生节奏感。重复、渐变、韵律是3种常见的节奏形式。重复是指同一基本单元以同一方式反复出现。渐变是指基本单元的形状、方向、角度、颜色等在重复出现的过程中连续递变。渐变应遵循由量变到质变的原则，否则会失去调和感。韵律是指空间与时间要素重复按一定的规则进行变化。

5.尺度

尺度与比例是两个非常接近的概念，两者都用于表示事物的尺寸或形状。比例是指形与形之间体量的相对比较，而尺度是与空间的形状、比例相关的概念，直接影响着人们对空间的感受。尺度重在强调人对空间比例关系所产生的心理感受。人体尺度建立在人体尺寸和比例关系的基础上，室内空间应当以人们所习惯的人体尺寸为标准进行设计。

欧美国家的室内空间着重于"隐私"，即多为独立使用的空间，因此创造了"亲密距离""个人距离""社会距离""公众距离"等空间概念。"距离学"提出了空间的规范，规划出了免于生理、心理威胁的不同距离与尺度。例如，"亲密距离"小于45cm，"个人距离"为45~120cm，"社会距离"为1.21~3.6m，"公众距离"为3.61~7.5m。

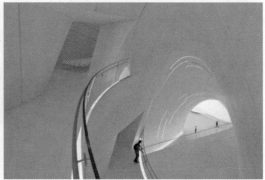

盖达尔·阿利耶夫中心内部空间的高耸与开阔（设计：扎哈·哈迪德建筑事务所）

四、室内空间的流线和序列

根据具体的使用性质，室内空间的各部分之间有着顺序、流线和方向上的联系。设计师按照合理的空间序列进行设计，可以产生空间节奏、空间过渡、空间主题及空间终了等序列。

1.流线

流线是人们在空间中移动的路线，也就是交通空间。流线连接着各个空间或空间的各个组成部分，是构成空间的骨架，影响着整体空间的形态。流线与所连接空间的关系主要有3种形式：从空间旁边经过、从空间内部穿过、终止于一个空间。

流线的功能是满足人们在空间中行进、停留、休息或赏景的需要，无论采用何种流线形式，都应尽量避免人流逆向行进，因此，设计师一般都会采用环状的流线布局。

2.序列

序列即各部分空间按次序编排的先后关系，是指为突出空间主题或展开空间的总体形式，综合运用对比、重复、渗透、引导等空间处理手法，根据空间排列与时间先后这两个因素把每个独立的单元空间组织成统一、变化和有序的复合空间集群，使各部分空间有机地统一起来。

①空间的对比。设计师可以通过空间体量的对比，引起人们心理和情绪上的变化；也可以结合空间开合、明暗、虚实等手法进行对比；还可以通过形状与方向的对比，变换空间形状，以打破空间的单调感。此外，标高对比能够丰富空间层次，增加空间趣味。

②空间的重复。几乎所有空间都含有可以重复的元素，将某种元素在各个空间中反复加以使用，可形成韵律感、节奏感。一种或几种空间形式有规律地重复出现，会使空间效果简洁清晰，具有统一感。

③空间的渗透。在限定空间与组合时，采用象征分隔、局部分隔的手法，可以使空间上下左右相互渗透；采用"借景"手法，可以有效地增加空间的层次，改变空间的尺度，获得虚实相生的空间效果。

④空间的引导。空间自身就具有方向性，如长方形的长边往往显示通行的方向；界面上连续的、具有方向性的图案、色彩、形状等，同样具有引导人行进方向的作用；连接在一起的、不同高度的楼梯、坡道等也具有强烈的空间引导作用。

五、办公空间的动态流线

办公空间的动态流线主要包括外来人员流线、内部员工流线和后勤物品流线。动态流线应便捷通畅、自成一体，但又需要在适当的位置相互联系，形成完整的动态流线体系。

办公空间中的对外服务部门，特别是接待区、会客厅、展示厅、会议室等区域，一般会安排在距离出口较近的位置，以避免外部环境对内部工作的干扰，也可以避免机构内部机密信息的外泄。同时，由于外部联系部门集中了对机构内部空间结构布局不甚了解的外来人员，对外空间通常也要规划在主体通道范围之内，以方便通行，同时保证紧急情况下外来人员的安全。

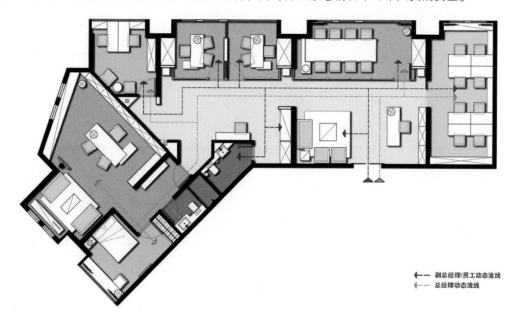

副总经理/员工动态流线
总经理动态流线

武汉融海投资有限公司动态流线

在办公机构内部工作环境中，各部门员工正常的工作、生活通常是沿着内部员工流线进行的，其中既包括各部门内部的交通走道以及从各部门通往复印设备、内部会议室、仓库、资料阅览室等区域的工作流线，也包括连接卫生间、茶水间、休息室等后勤服务设施区域的生活流线。办公机构内部员工流线的尺度要根据使用情况而定，但通常较主流线和外来人员流线窄小。若流线两侧围墙体超过常人高度，则通道宽度不可小于1.2m；若是两侧围墙体高度低于常人高度的开放式间隔，通道的最窄可为0.9m。

环节二　平面布置

一、空间规划

办公空间根据功能大致可划分为前台、等候区、办公区、会议室、活动区、茶水间、展示厅、资料室等区域。在办公空间设计中，设计师应围绕各区域的关系展开设计。各区域应相互关联和衔接，以方便管理和服务。空间规划环节的任务流程如下。

①确定办公空间的功能分区和面积比例。

②分析办公空间各功能分区的属性及类型。

③分析办公空间内部的流线与序列。

④按比例绘制规范的办公空间平面布置图。

空间规划：北京联合公元设计工程有限公司空间规划。

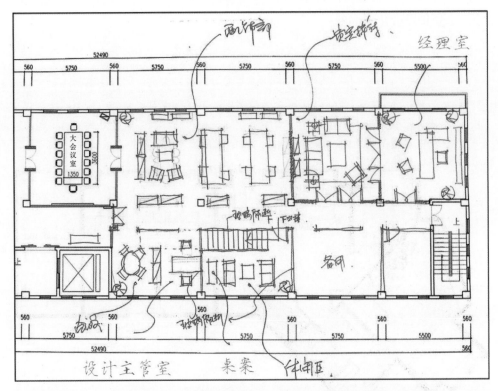

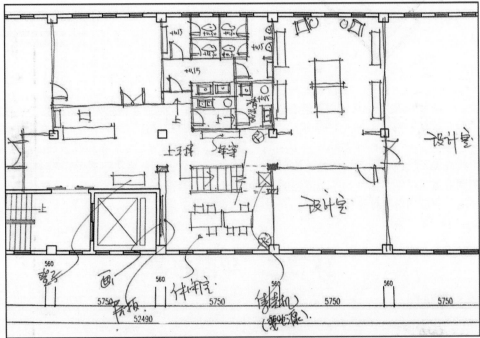

北京联合公元设计工程有限公司空间规划——平面布置图手稿（制图：邸锐）

二、绘制平面布置图

平面布置是在空间规划之后对各功能空间的深化设计及对空间的二次组织与塑造。

1. 平面布置图

用一假想的水平剖切平面从略高于窗台的位置剖切房屋后，对剖切面以下的部分作出水平投影，所得的水平剖面图称为平面布置图。

平面布置图主要用来说明房间内各种家具、家电、陈设及各种绿植等物体的大小、形状和相互关系。它能体现出装修后房间是否满足使用要求及其建筑功能的优劣，是判断整个室内空间设计舒适合理与否的主要依据。

2. 平面布置图常用图幅

室内空间设计制图时，图纸的大小应采用国家规定的标准图幅，常用图幅为A2（420mm×594mm）、A3（297mm×420mm）。

3. 平面布置图的基本构成

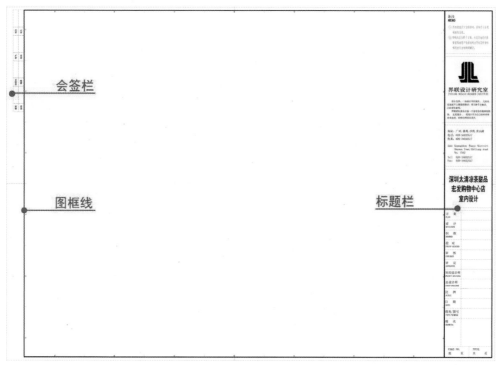

界联设计研究室施工图图框

平面布置图主要由图框线、标题栏及会签栏构成。

图框线：图框线是图纸上可以画图的范围，用粗实线表示，与幅面线有一定间距，该间距大小与图幅有关。

标题栏：在图纸规定的位置上，必须将图纸名称、编号、设计单位、设计人员、校核人员及日期等内容集中于一个表格内，此表格即为标题栏，也称图标。

会签栏：会签栏是各工种负责人审验图纸后签字的表格，一般放在装订边内。

4. 平面布置图常用绘图比例

绘图比例即图样与所表达的实物之间的线性尺寸比。绘图比例在标注时都应把图中量度写在前面，实物量度写在后面。在绘制图样时，设计师要选择合适的绘图比例，平面图、立面图一般采用1∶30、1∶50、1∶100、1∶200的绘图比例。

5. 平面布置图常用图线

在绘制图样时，设计师要选择一组合适的线宽组，图线用法见表1-1。

表1-1 图线用法

分类	线宽 /mm	线型	用法
粗线	1	实线	用于主要可见轮廓线
中线	0.5	实线	用于可见轮廓线
		虚线	用于不可见轮廓线
细线	0.35	实线	用于可见轮廓线、剖面线、尺寸线等
		点划线	用于中心线、对称线等
		折断线	用于断开界线
		波浪线	用于断开界线

6.标注尺寸

尺寸界线：从被标注图形轮廓线两端引出，用细实线画出。

尺寸线：在尺寸界线之间并与所标图形轮廓线平行，用细实线画出。

尺寸起止符号：在尺寸线与尺寸界线相交处用45°中实线画出，长度为1~2mm，直径、半径及角度等则用箭头引出表示。

尺寸数字：一般写在尺寸线中部的上方，字头朝上；竖直方向的数字写在尺寸线的左侧，字头朝左；尺寸界线间隔小时，尺寸数字可引线标注。

7.绘制平面布置图时的注意事项

绘制平面布置图时的主要注意事项如下。

①平面布置图必须给出所涉及的所有家具、家电、设施及陈设等物品的水平投影，并用规定的图例符号绘制。对于没有图例符号的物品，设计师应以形拟物，必要时可用文字进行说明。

②家具、家电等物品应根据实际尺寸按与平面布置图相同比例绘制，不必标明尺寸，其图线均用细实线绘制，也可在物品旁加画阴影或加淡彩。

③在平面布置图中，房间的净尺寸及家具、家电与设施之间的定位尺寸应标明，部分固定设施的大小尺寸也应标明，而与装修无关的外部尺寸均可不标注。

④室内家具中的吊柜、高窗及其他高于水平剖切平面的固定设施，在图中均用虚线表示。

⑤根据图样表达需要，对必要物品的材料、做法加以说明。

⑥在平面布置图中，应标明欲装修的剖面位置和投影方向。

平面布置图：广州纺织博览中心办公样板间平面布置图。

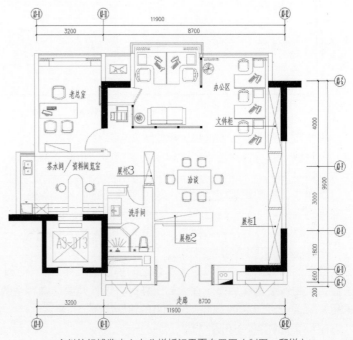

广州纺织博览中心办公样板间平面布置图（制图：邱锐）

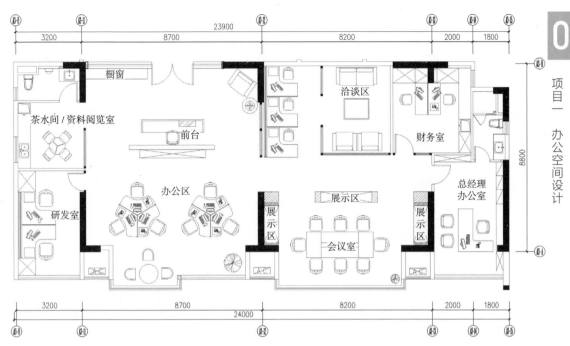

广州纺织博览中心办公样板间平面布置图（制图：邱锐）（续）

彩色平面布置图，简称"彩平"，是指在平面布置图的基础上运用Photoshop、SketchUp等软件进行地面材质铺贴或色彩氛围渲染等获得的平面图。"彩平"常用于方案文本编排或方案汇报。

彩色平面布置图：康大制药集团（中山）平面布置图。

第一层平面图

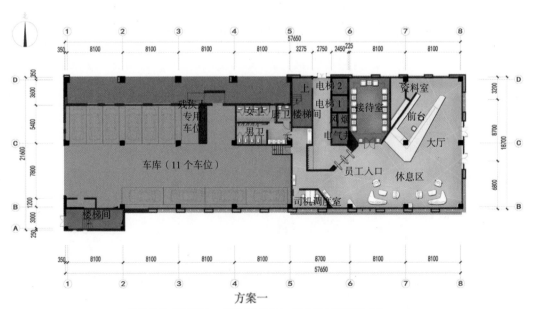

方案一

以植物脉络进行设计，进行空间切割，同室外环境形成呼应。

康大制药集团（中山）平面布置图（制图：邱锐）

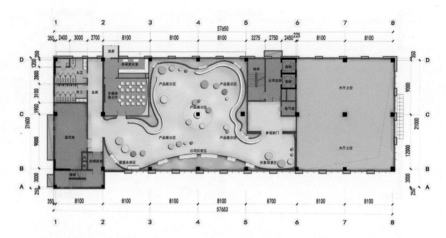

展厅以非欧几何元素的弧形为主题，贯穿展厅始终，并设置适量颜色增强空间活力
展厅设置形象背景、公司历史、展望未来、产品展示等区域，充分展示了康大制药的品牌核心力量

第三层平面图

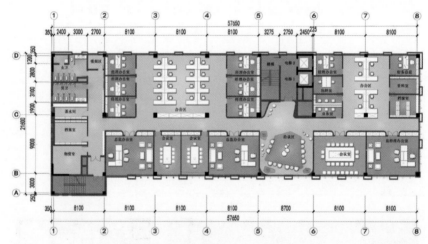

第四层平面图

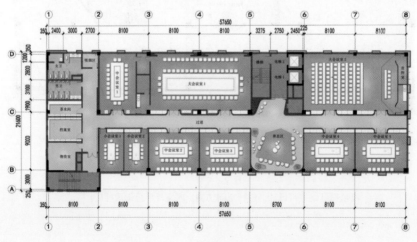

康大制药集团（中山）平面布置图（制图：邱锐）（续）

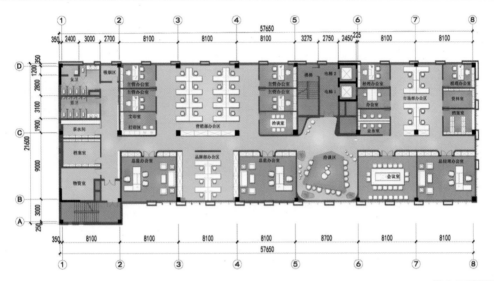

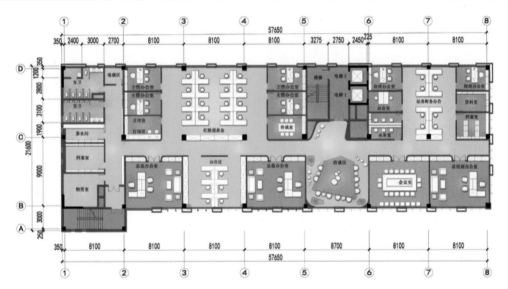

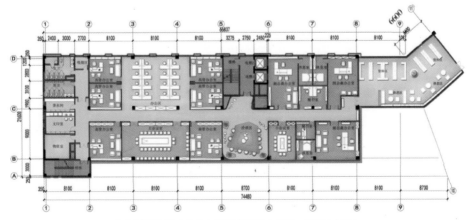

康大制药集团（中山）平面布置图（制图：邱锐）（续）

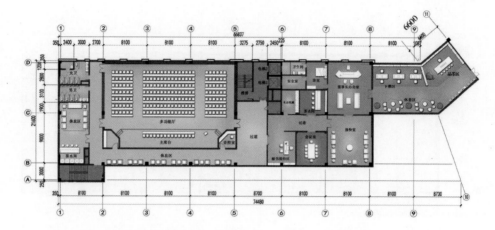

董事长办公室附置了秘书接待区、会议室、接待室、卧室、卫生间、安全室等区域，
空中连廊设置了休息区、下棋区、品茶区

康大制药集团（中山）平面布置图（制图：邱锐）（续）

小 结

1. 了解室内空间的概念、结构、属性。
2. 确定办公空间的功能分区和面积比例。
3. 分析办公空间各功能分区的属性及类型。
4. 分析办公空间内部的流线与序列。
5. 按比例绘制规范的办公空间平面布置图。

思考与训练 1-4

绘制办公空间平面布置图。

任务五　办公空间系统设计

任务表 1-5

项目一	任务一办公空间设计项目启动	任务二办公空间设计调查	任务三办公空间概念设计	任务四办公空间平面布置	任务五办公空间系统设计	任务六办公空间界面设计	任务七办公空间室内陈设设计	任务八办公空间设计方案表现	任务九办公空间施工制图	任务十办公空间设计汇报
任务说明	了解公共空间系统设计的基本知识，并绘制办公空间系统设计任务图纸									
知识目标	1. 了解公共空间的声系统的基本知识 2. 了解公共空间的光系统的基本知识 3. 了解公共空间的风系统的基本知识 4. 了解公共空间的水系统的基本知识 5. 了解公共空间的电系统的基本知识									
能力目标	1. 分析办公空间的声系统，绘制墙体开线图 2. 分析办公空间的光系统，绘制天花系统图 3. 分析办公空间的电系统，绘制电路系统图									
工作内容	1. 绘制墙体开线图 2. 绘制天花系统图 3. 绘制电路系统图									
工作流程	绘制墙体开线图→绘制天花系统图→绘制电路系统图									
评价标准	1. 绘制墙体开线图 25% 2. 绘制天花系统图 50% 3. 绘制电路系统图 25%									

环节一　知识探究

系统设计包括声、光、风、水、电 5 个方面的设计。

一、声系统设计

声系统设计主要包括噪声控制与音响设备设计两个方面。

1.噪声控制

室内噪声包括户外环境、建筑内部其他房间、室内设备等产生的噪声。噪声可以通过建筑布局、围护结构隔声、室内吸声、设备隔声等途径加以控制。噪声控制方法如下。

①远离噪声源。室内空间设计应做到"动静分区"，将办公区、资料室等相对安静的空间与前台、接待区等容易产生噪声的空间加以区分。

②提高围护结构隔声量。室内空间通常通过墙体（如砖墙、空心小砖等）或隔音玻璃隔声。

③吸声降噪。室内空间通常通过墙体、顶棚材料（如吸音板、海绵软包等）吸声，既可以缓解因围合界面反射的回声而造成的听觉不适，提高声效，又有利于消减噪声。

④隔声设备。必要时，可以采用屏障或隔声罩等。

2.音响设备设计

音响设备主要涉及公共音响、对讲门铃、电话铃声等。

公共音响通常设置在会议室、展示厅等用于交流沟通、汇报演示的开放性空间。设计师可根据空间尺度及功能要求的不同来设置音响的尺度及其声音强度，以满足不同的功能要求。

对讲门铃与电话铃声以柔和、优雅的音乐为佳，音量不宜过大，使用者能够清晰听见即可，声音过于刺耳或音量过大，容易对人造成惊吓或使人烦躁，从而破坏办公环境的和谐气氛。

二、光系统设计

灯光的合理分配、光与影的完美配合，不仅可以渲染环境、烘托气氛，还可以丰富空间的层次，加强材料的质感。

1.照明光的来源

理论上，我们可以将室内照明的光源大致分为直接性照明光源和间接性照明光源。

（1）直接性照明光源

直接性照明光源主要来自室外的自然天光和室内的人工照明。自然天光与人工照明直接提供了建筑内部各种功能空间所要求的光亮度，是室内空间中相辅相成的两种主要光源。

（2）间接性照明光源

光线以直线的方式进行传播。但光线在传播过程中，一旦遭遇某种介质，部分光线就可能会被反射，形成反射光。反射光按反射角度可分为4种形态，即定向反射、散反射、漫反射和混合反射。

暮光之廊——海氏国际集团北京办公室

2. 照明光源的颜色特质

在室内照明的环境中，光色主要表现在光源本身及被照物体的色彩显示方面。

（1）光源的颜色

在照明光学中，光源的颜色通常用色温来衡量。一般色温低于3000K的光源为暖色光源，色温为3000K~5300K的光源为中间色光源，而色温高于5300K的光源则为冷色光源。与普通的色彩学原理一样，不同色系的光源会使人产生冷暖、轻重、远近等不同的感受。在公共空间设计中，用灯光来调节空间气氛，可以达到事半功倍的效果。

（2）光源的显色性

光源的显色性即光源照射到物体上所呈现出来的颜色。在照明设计领域，光源的显色性通常用显色指数来衡量。光源显色指数的最大值为100，显色指数越低，光源的显色性越差。显色指数为80以上，光源的显色性优良；显色指数为50~80，光源的显色性一般；显色指数为50以下，光源的显色性较差。所以，在色彩认知程度要求较高的室内环境中，设计师应使用显色指数高的照明光源，以便人们对物品本色有更清晰的了解。

（3）物体的颜色

在人工照明环境下，物体表面对其照射光线中某一种波长的光的反射或透射反应较其他波长的光要强烈，此时反射或透射得最强的光即为该物体的颜色。在室内空间设计中，照明设计需要紧密联系空间中各种物体的颜色、质感，以正确地利用照明手段判断、协调彼此间的色彩关系。

3. 照明灯具的形式选择

灯具是光源、灯罩及附属配件的总称。灯具的附属配件包括开关、亮度调节器、支撑架等。灯具根据其安装位置和方式可分为吸顶灯具、垂吊式灯具、附墙式灯具、隐藏式灯具及活动式灯具等几种类型。

垂吊式灯具（素作工作室）

隐藏式灯具（SOHO中国有限公司）

三、风系统设计

通风换气是保证室内空气品质的手段。风系统设计主要包括自然通风和人工通风两个方面。

1.自然通风

自然通风主要是利用门窗及建筑物孔洞的内外压差来实现室内通风换气。

2.人工通风

人工通风主要借用各种电器设备（如新风系统、空调系统等）通过消耗电能来改善空间内的通风环境。

新风系统是由送风系统和排风系统组成的一套独立空气处理系统，可分为管道式新风系统和无管道式新风系统两种。管道式新风系统由新风机和管道配件组成，通过新风机净化室外空气导入室内，通过管道将室内空气排出；无管道式新风系统由新风机组成，同样由新风机净化室外空气导入室内。相对来说，管道式新风系统由于工程量大，所以更适合工业区或者大面积的办公区使用，而无管道式新风系统因为安装方便，更适合家庭使用。

伴随着绿色设计需求的增加，现代室内空间设计应当尽可能地以利用门窗来实现自然通风为主。在办公空间系统设计过程中，设计师要对门窗的位置、大小、朝向、空气流通状况做仔细的分析与规划，创造出健康、绿色、环保的风系统。

四、水系统设计

水系统设计主要指给水与排水设计。给排水设计应以"安全、合理、美观、经济"为原则，为业主提供更人性化的给排水设计方案。

1.系统组织空间

在办公空间中，给排水空间主要指茶水间、洗手间等需要用水的功能空间。本着"安全、合理、美观、经济"的原则，在空间设计时，设计师应尽可能系统地规划与整合给排水空间，这样既节省材料，又便于管道铺设施工及维修与管理。

2.保证使用过程安全有效

为了便于给排水设施的维修，设计师应在给排水管上适当增设控制阀门（必须选用品质好的金属阀门），这样即使发生漏水，用户可以及时关闭给水阀门，并进行维修。

五、电系统设计

电系统设计主要包括电器使用与电路设计两个方面。

1.电器使用

在现代办公空间中，电器设备几乎无处不在，涉及照明、空调、网络、试听、清洁、净化、健身、娱乐等工作、休闲的方方面面。设计师应根据各功能空间的使用需要合理制订电器设备的使用计划，同时应积极探索空间智能化技术的应用。

2.电路设计

电路设计以"安全、合理、方便"为原则。根据不同功能空间的用电需求，设计师要准确选用电线、触电保护器（漏电保护器）要准确选用，对电源开关、插座等的数量及其位置要做好精细计划，以满足各功能空间中电器设备的正常使用。

环节二　系统设计

办公空间系统设计的任务流程如下。

①分析办公空间的声系统，明确办公空间内部隔断参数，绘制墙体开线图。

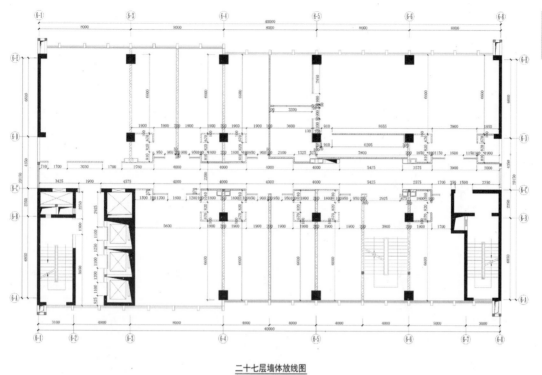

二十七层墙体放线图
Scale 1:100

民发银行（27层）墙体开线图

②分析办公空间的光环境系统和空调通风系统（出风口，回风口），绘制天花系统图。天花系统图主要包括天花布置图、天花放线图、灯具放线图。

二十七层天花投影图
Scale 1:100

民发银行（27层）天花布置图

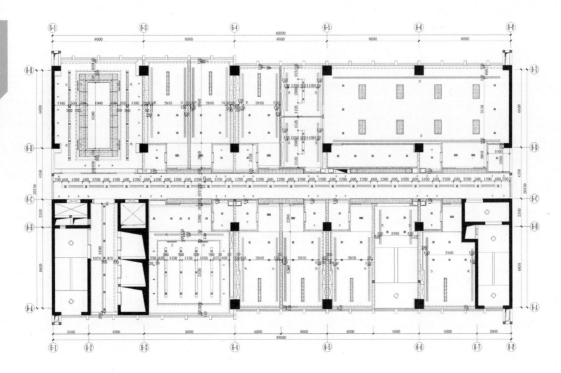

二十七层天花造型定位图
Scale 1:100

民发银行（27层）天花放线图

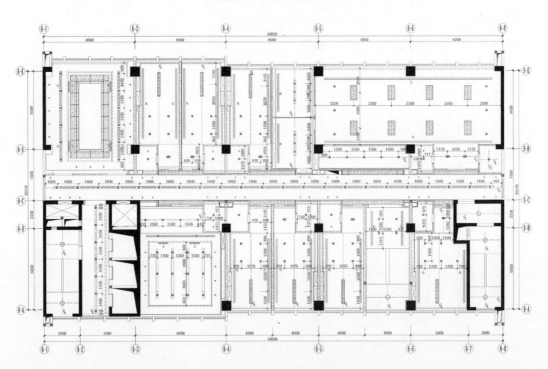

二十七层灯具定位图
Scale 1:100

民发银行（27层）灯具放线图

③分析办公空间的电系统，绘制电路系统图。

二十七层插座配电箱27AL1

编号	主回路		相序	电线电缆规格型号及安装方式	供电区域	功率(kW)	回路编号
27AL1 Pe=20kW Kx=0.85 Cosφ=0.85 Pjs=20kVA Ijs=30.4A		C65N C20A/2P Vigi30mA	A	ZR-BV-3x4 MT20-CC.WC	插座	2.0	C1
		C65N C20A/2P Vigi30mA	B	ZR-BV-3x4 MT20-CC.WC	插座	2.0	C2
		C65N C16A/2P Vigi30mA	C	ZR-BV-3x4 MT20-CC.WC	插座	2.0	C3
		C65N C16A/2P Vigi30mA	A	ZR-BV-3x4 MT20-CC.WC	插座	2.0	C4
		C65N C16A/2P Vigi30mA	B	ZR-BV-3x4 MT20-CC.WC	插座	2.0	C5
		C65N C16A/2P Vigi30mA	C	ZR-BV-3x4 MT20-CC.WC	插座	2.0	C6
		C65N C20A/2P Vigi30mA	A	ZR-BV-3x4 MT20-CC.WC	插座	2.0	C7
ZR-YJV-5x10	C65N C40A/3P	C65N C20A/2P Vigi30mA	B	ZR-BV-3x4 MT20-CC.WC	插座	2.0	C8
		C65N C16A/2P Vigi30mA	C	ZR-BV-3x4 MT20-CC.WC	插座	2.0	C9
引自楼层配电箱	ABC NPE C65N C32A/3P	C65N C16A/2P Vigi30mA	A	ZR-BV-3x4 MT20-CC.WC	插座	2.0	C10
	V25-B/3P+NPE	C65N C16A/2P Vigi30mA	B		备用		
		C65N C16A/2P Vigi30mA	C		备用		
		C65N C16A/2P Vigi30mA	A		备用		
		C65N C20A/2P Vigi30mA	B		备用		
		C65N C16A/2P Vigi30mA	C		备用		
PE N		C65N C16A/2P Vigi30mA	A		备用		

民发银行（27层）插座配电系统

二十七层照明配电箱27AL2

编号	主回路		相序	电线电缆规格型号及安装方式	供电区域	功率(kW)	回路编号
27AL2 Pe=20kW Kx=0.85 Cosφ=0.85 Pjs=20kVA Ijs=30.4A		C65N C20A/1P	A	ZR-BV-3x4 MT20-CC.WC	照明	3.0	M1
		C65N C16A/1P	B	ZR-BV-3x2.5 MT20-CC.WC	照明	1.2	M2
		C65N C16A/1P	C	ZR-BV-3x2.5 MT20-CC.WC	照明	1.2	M3
		C65N C16A/1P	A	ZR-BV-3x2.5 MT20-CC.WC	照明	1.2	M4
		C65N C16A/1P	B	ZR-BV-3x2.5 MT20-CC.WC	照明	1.2	M5
		C65N C16A/1P	C	ZR-BV-3x2.5 MT20-CC.WC	照明	1.2	M6
		C65N C16A/1P	A	ZR-BV-3x2.5 MT20-CC.WC	照明	1.2	M7
ZR-YJV-5x10	C65N C40A/3P	C65N C16A/1P	B	ZR-BV-3x2.5 MT20-CC.WC	照明	1.2	M8
		C65N C16A/1P	C	ZR-BV-3x2.5 MT20-CC.WC	照明	1.2	M9
引自楼层配电箱	ABC NPE	C65N C16A/1P	A	ZR-BV-3x2.5 MT20-CC.WC	照明	1.2	M10
		C65N C16A/1P	B	ZR-BV-3x2.5 MT20-CC.WC	照明	1.2	M11
		C65N C16A/1P	C	ZR-BV-3x2.5 MT20-CC.WC	照明	1.2	M12
		C65N C16A/1P	A	ZR-BV-3x2.5 MT20-CC.WC	照明	1.2	M13
		C65N C16A/1P	B	ZR-BV-3x2.5 MT20-CC.WC	疏散指示灯	0.5	EL
		C65N C16A/1P			备用		
		C65N C16A/1P			备用		
		C65N C16A/1P			备用		
PE N		C65N C16A/1P			备用		
		C65N C16A/1P			备用		

民发银行（27层）照明配电系统

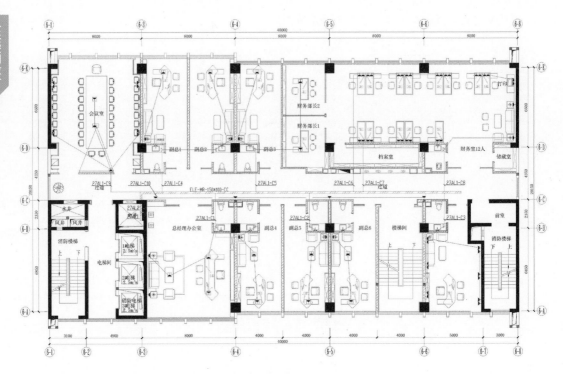

二十七层电源插座布线平面图
Scale 1:100

民发银行（27层）插座布线图

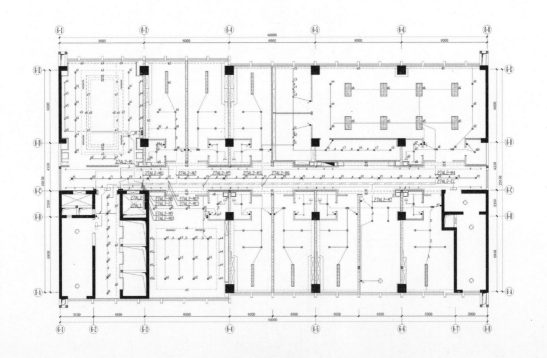

二十七层照明布线平面图
Scale 1:100

民发银行（27层）照明布线图

二十七层综合布线平面图
Scale 1:100

民发银行（27层）综合布线图

小 结

1. 分析办公空间的声系统，绘制墙体开线图。
2. 分析办公空间的光系统，绘制天花系统图。
3. 分析办公空间的电系统，绘制电路系统图。

思考与训练 1-5

根据项目需求，绘制墙体开线图、天花系统图、电路系统图，完成办公空间系统设计。

任务六　办公空间界面设计

任务表1-6

项目一	任务一办公空间设计项目启动	任务二办公空间设计调查	任务三办公空间概念设计	任务四办公空间平面布置	任务五办公空间系统设计	任务六办公空间界面设计	任务七办公空间室内陈设设计	任务八办公空间设计方案表现	任务九办公空间施工制图	任务十办公空间设计汇报
任务说明	了解室内空间形态、色彩、材料的知识，完成办公空间界面设计									
知识目标	1.掌握公共空间室内形态设计知识 2.掌握公共空间室内色彩设计知识 3.掌握公共空间室内材料设计知识									
能力目标	1.运用理论知识，合理组织室内空间的形态、色彩、材料 2.熟练运用马克笔+彩铅绘制办公空间手绘效果图 3.熟练运用SketchUp软件绘制空间模型 4.熟练运用CAD软件绘制立面图									
工作内容	1.办公空间设计专题——空间形态训练 2.办公空间设计专题——色彩运用训练 3.办公空间设计专题——材料美学训练 4.办公空间设计专题——手绘效果图绘制 5.办公空间设计专题——空间模型绘制 6.办公空间设计专题——立面图绘制									
工作流程	知识准备→空间形态训练→色彩运用训练→材料美学训练→手绘效果图绘制→空间模型绘制→立面图绘制									
评价标准	1.界面形态、色彩、材料设计（手绘表现）　30% 2.界面形态、色彩、材料设计（电脑模型）　40% 3.界面形态、色彩、材料设计（CAD制图）　30%									

环节一　知识探究

界面设计主要包括空间形态、空间色彩、空间材料3个方面的设计。

一、室内空间形态

1.室内空间的设计元素

室内空间可以看成由点、线、面、体等元素占据、扩展或围合而成的三维虚体，各元素间不同的组合关系会形成特定的空间形态界面。

（1）点

在室内空间中，相对于周围背景，足够小的形体可以被看作成点。单一的点具有凝聚视线的效果，可处理为空间的视觉中心，也可以处理为视觉对景，能起到中止、转折或导向的作用。多个点的组合可以成为空间背景或空间趣味中心。点的秩序排列具有规则感、稳定感，点的无序排列则会产生复杂感、运动感。

室内空间点元素的应用

（2）线

点的移动形成了线，线在视觉中可表明长度、方向、运动等概念，还有助于显示紧张、轻快等情绪。线根据方向的不同可分为垂直线、水平线和斜线3种。垂直线意味着稳定与坚固，水平线代表了宁静与安定，斜线则会产生运动感和活跃感。曲线比直线更显自然、灵活。线在长短、粗细、曲直、方向上的变化均会产生不同的个性和形式感，给人以不同的心理感受。

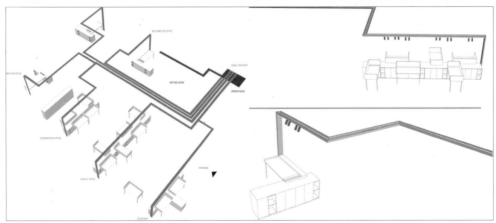

室内空间线元素的应用

（3）面

面属于二维形式，其长度和宽度远大于其厚度。面在空间中起到阻隔视线、分隔空间的作用，其虚实程度决定了空间的开敞或封闭。面有水平面、垂直面、斜面、曲面之分。水平面比较单纯、平和，给人以安定感；垂直面会使人产生紧张感；斜面则呈现不安定的动感；曲面柔和，具有亲和力。

（4）体

面的平移或旋转形成了三维形式的体。体具有充实感、空间感和量感。室内空间中既有实体，也有虚体。实体厚重、沉稳，虚体相对轻快、通透。体还可以通过切削、变形、分解、组合等手段衍生出其他形式的体，以丰富视觉语言，满足各种复杂的使用要求。

2.室内空间的形式美法则

室内空间的形式美法则包括对比与调和、对称与均衡、节奏与韵律、比例与分割等。

（1）对比与调和

对比即强化事物的对抗性，可以表现出强烈的视觉冲击力。对比的种类及其表现形式见表1-2。

表1-2　对比的种类及其表现形式

种　类	表现形式
线型对比	粗细对比、长短对比、虚实对比、曲直对比等
形体对比	方圆对比、大小对比等
方向对比	平垂对比、正斜对比、上下对比、左右对比等
肌理对比	软硬对比、新旧对比、光滑与粗糙对比、透明与不透明对比等
空间对比	远近对比、虚实对比等
色彩对比	冷暖对比、鲜浊对比、浓淡对比等

调和即寻找事物中的共同因素，以达到视觉上的和谐。

（2）对称与均衡

对称是物理平衡，是等形等量平衡，会给人庄严、稳定、静止、完美的感觉。对称有轴对称与点对称之分。轴对称以线为对称轴，图形或左右、或上下相对排列。点对称以点为对称中心，单位图形环绕排列，呈辐射状。

均衡是心理平衡，是不等形、不等量平衡（视觉的稳定）。均衡以支点为中心，保持力学的平衡形式，给人以活泼、轻快、运动的美感。

（3）节奏与韵律

节奏是指有序、有规律的反复，具有机械美与理性色彩，如心跳、钟摆、时辰、日出日落、潮起潮落、月缺月圆、春夏秋冬等。

韵律是在节奏的基础上进行强弱、起伏、急缓的变化，赋予节奏一定的情调，具有流动美与感情色彩，以满足人们的精神享受。

在造型艺术中，节奏是骨骼，韵律是血肉与灵魂。节奏与韵律是通过点、线、面、体、色彩、肌理等造型要素来表现的。

韵律的种类及其表现形式见表1-3。

表1-3　韵律的种类及其表现形式

种　类	表现形式
连续韵律	有规律地重复出现，形成强烈的秩序美
渐变韵律	形状、大小、方向、色彩、肌理等造型要素有规律地逐渐变化
交替韵律	有规律、间隔性地重复出现
起伏韵律	以上下、大小、虚实的波浪形起伏变化，具有强烈的运动感与韵律感
自由韵律	具有自由、随意、偶然等不确定性，以及空灵、流动、自在、朴素等特征

（4）比例与分割

比例与分割指形体的整体与局部、局部与局部之间的尺度关系。和谐的比例会使人产生视觉上的舒适感。关于比例与分割，前人总结了许多宝贵的经验，较著名的有黄金比、平方根比。

①黄金比。黄金比是古希腊时期发现的一种完美的比例。黄金比被广泛地运用于建筑、绘画和实用艺术领域。黄金比约为1：0.618。现代书籍、文件、报刊等的设计大多采用这种比例。

②平方根比。平方根比是一种接近黄金比的比例。

③其他比例。根据实际情况和视觉感受，设计师还常采用1：2、2：3、3：4、5：9等比例。

应用各种比例与分割，可以产生很多美观、舒适的图形。

案例分析：跃动彩阁——杂志办公室。

跃动彩阁——杂志办公室：运用对比与调和、对称与均衡、节奏与韵律、比例与分割4种室内空间的形式美法则进行办公空间界面设计

二、室内空间色彩

色彩学是与室内空间设计相关的一门重要的学科。在室内空间中，色彩除了人们通常所知的可起到疏导人流的作用外，还可起到调整社会人群压力、完善室内空间设计功能等诸多方面的作用。鉴于色彩学是一个极其庞杂的学科，在这里，我们只将色彩学中与室内空间设计有关的知识点进行整合和修编。

1.色彩分类

（1）三原色

红、黄、蓝三色可以调配出其他各种色彩，而其他色彩无法反过来调配出它们。因此，红、黄、蓝三色被称为三原色。

（2）间色、复色、补色

①间色：间色又称"二次色"，是由两种原色混合而成的。例如，红＋黄＝橙、黄＋蓝＝绿、蓝＋红＝紫，橙、绿、紫就是间色。但应注意，间色不同于原色的唯一性，它是一系列同类相近色彩的总称。

②复色：复色又称"三次色"，是由间色混合而成的。：

橙＋绿＝（红＋黄）＋（黄＋蓝）＝（红＋黄＋蓝）＋黄＝黑浊色＋黄＝灰黄

绿＋紫＝（黄＋蓝）＋（蓝＋红）＝（红＋黄＋蓝）＋蓝＝黑浊色＋蓝＝灰蓝

上述两种难以确切命名的灰黄、灰蓝便是复色。复色就是包含着所有三原色成分的混合色，只是依其中红、黄、蓝的成分的多寡，在黑浊色中带有某种色偏，其色彩比原色或间色要灰暗得多。颜料中的赭石、土红、熟褐一类均是复色，许多天然建筑材料（如土、木、石、水泥等）的本色大多也是深浅不一的复色，色彩均较沉稳。

③补色：补色又称"余色"。在色环中处于180度两端的一对色彩一般被视作互为补色。

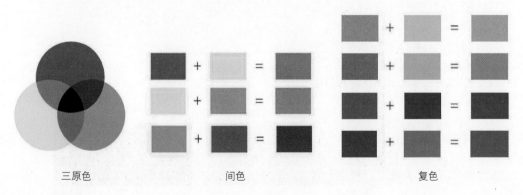

三原色　　　　　　　间色　　　　　　　　　　　复色

（3）冷暖色

色彩在心理上有冷暖感，这是一般人都有的感受。事实上，即便黑、白、灰只是理论上的绝对中性色彩，一旦应用起来，它们也有色偏，这种细微的差异，在应用中不应被小看。

在室内空间设计中，细微的冷暖色差异与色偏的倾向都会使空间营造出不同的氛围。

2.色彩三要素——色相、明度、纯度

（1）色相

色相指各种色彩呈现出来的质的面貌。它通常与光谱色中一定波长的色光反射有关，习惯上以红、橙、黄、绿、蓝、紫6种标准色或根据不同的研究体系以10色、12色、24色，甚至100色的连续色环来表示。在生活中，尤其在室内空间设计应用上，多数情况下会出现一些非色环上的色彩，导致色相种类变得非常繁杂。人们对一些难以直接命名的色彩则常在标准色前加"深浅""明暗""粉灰"或者使用如"偏X的X色"的说法来约略地称呼，以求区分，如偏黄的绿色，这是广义的色相。

在实际应用中，由于需利用颜料进行设计，因此对和颜料名称挂钩的色相进行认识可能更有

意义。下面以红、黄、蓝3类色彩中，不同颜料的色偏情况进行概略介绍。

红类：朱红——红偏黄；大红——红偏橙；曙红——红偏紫。

黄类：奶黄——黄偏白；柠黄——黄偏绿；中黄——黄偏橙。

蓝类：钴蓝——蓝偏白；湖蓝——蓝偏绿；群青——蓝偏紫。

（2）明度

明度指色彩的明暗度，一般有两重含义：一是指不同色相的色彩具有不同的明度；二是指同一色彩在受光前后，或者是加黑、加白调色后的明暗、深浅变化，如红色的暗红、深红、浅红、粉红等。

了解明度数值，对认识色彩间的明度差异很有好处。室内空间色彩设计要想达到醒目的设计目的，不在于色相的缤纷，而在于明度的对比。

（3）纯度

纯度又叫"彩度""艳度"，是指色彩的纯净和鲜艳程度。与色相、明度一样，纯度无褒贬之分，应视应用场合的需要选择合适纯度的颜色。当要将色彩应用于大面积的墙面等处时，设计师应选择低纯度、高明度的色彩，以避免高纯度色彩过于夺目。

3.色彩的象征意义

色彩的象征意义并没有严格的对应性，但大致的性质范畴有约定俗成的认同性。一般认为，红色象征热烈、喜庆、革命、警醒等，黄色象征光明、忠诚、轻柔、智慧等，蓝色象征深远、沉静、崇高、理想等，橙色象征成熟、甘甜、饱满、温暖等，绿色象征青春、和平、生命、希望等，紫色象征忧郁、神秘、高贵、伤感等，褐色象征沉稳、厚实、随和、朴素等，灰色象征孤寂、冷漠、单调、平淡等，黑色象征深沉、严肃、罪恶、悲哀等，白色象征纯洁、清净、虚无、高雅等。

4.一般心理感觉

一般心理感觉包括面积感、位置感、质地感、分量感。一般心理感觉与色彩的关系如下。

①面积感——明度高的色彩有扩张感，明度低的色彩有收缩感。

②位置感——暖而明的色彩朝前跑，冷而暗的色彩向后退。

③质地感——复色、明度低、纯度高的色彩，如驼红、熟褐、蓝灰等有粗糙、质朴感；色相较艳、明度高、纯度略低的色彩，如牙黄、粉红、果绿等有细腻、丰润感。

④分量感——高明度冷色，如浅蓝、粉紫（对雪花、飞絮、雾霭等的联想）给人感觉较轻；低明度暖色，如赭石、墨绿（对岩石、机器、老建筑等的联想）给人感觉较重。

案例分析：金属彩虹里的书店—苏州钟书阁。

苏州钟书阁

三、室内空间材料

广州桐栖服饰有限公司办公空间材料样板

设计的独创性往往不只是来自造型本身，更多的是来自于材料应用的创新、结构方法的创新所带来的新的造型。

1.材料的分类

室内空间材料按形状可分为实材、板材、片材、型材、线材等。实材也就是原材，主要是指原木及由原木制成的规方，在装修预算中以"m³"为单位。板材主要是由各种木材或石膏加工成块的产品，统一规格为1220mm×2440mm，在装修预算中以"块"为单位。片材主要是由石材及陶瓷、木板、竹材加工成块的产品，在装修预算中以"m²"为单位。型材主要是指钢、铝合金和塑料制品，在装修预算中以"根"为单位。线材主要是指由木材、石膏或金属加工而成的产品，在装修预算中以"m"为单位。室内装饰材料按装饰部位分类有墙面装饰材料、顶棚装饰材料、地面装饰材料等；按功能分类有吸声材料、隔热材料、防水材料、防潮材料、防火材料、防霉材料、耐酸碱材料、耐污染材料等。

通常来讲，室内空间材料按材质分类有石材、瓷砖、木材、人造板、油漆、金属、透明材料、玻璃纤维等。

（1）石材

石材是一种质地坚硬、耐久的材料。一方面，石材具有耐腐、绝燃、不蛀、耐压、耐酸碱、不变形等特性；另一方面，多数石材色彩沉着，肌理粗犷结实，而且造型自由多变。但是，石材也有施工较难、造价昂贵、易裂、易碎、不保温、不吸声和难于维护等缺点。

①大理石。大理石是指变质或沉积的碳酸盐岩石。大理石组织细密、坚实，可磨光，颜色品种多，有漂亮自然的条状纹理，抗压性高，吸水性弱，易清洁，质地细致，是一种较高级的室内设计材料。大理石的缺点是不耐风化，易失去光泽、变得粗糙，所以常用于室内。

②花岗岩。花岗岩属火成岩。其特点为构造密实、硬度大，耐磨、耐压、耐火及耐大气中的化学侵蚀。其花纹为均粒状、斑纹及发光云母微粒。花岗岩一般为浅色，多为灰、灰白、浅灰、

红、淡红等，是室内空间设计中的常用材料之一。

③洞石。洞石是一种地层沉积岩。意大利、土耳其和伊朗是盛产洞石的国家。洞石具有吸湿、干燥、保温、防滑的优点。其材质坚硬，不易风化，是花岗岩和大理石无法取代的，比较适用于立面界面的设计应用。

④砂岩。砂岩是一种沉积岩，是由石粒经过水冲蚀沉淀于河床上，经千百年的堆积变得坚固而成。砂岩属亚光石材，是一种天然的防滑材料；还属于零放射性石材，对人体无伤害。砂岩不会风化、变色，颗粒均匀，质地细腻，且耐用性好。

⑤人造石。人造石由天然碎石粉末、高级水溶性树脂、碎石黏合剂合成，可以被加热处理呈弯曲状，可被拼接和设计出不同的花色，易保养和翻新。人造石样式繁多，外观漂亮，但硬度低，易有划痕，而且其成分中化学材料居多，不环保且价格较贵。

⑥鹅卵石。天然鹅卵石取自河床，颜色主要有灰色、青色、暗红3大色系。鹅卵石的装饰效果较朴素，使用起来有一定难度，可先用水泥砂浆铺底，再将鹅卵石凝结在混凝土表面。鹅卵石适用于自然朴实的地域性建筑环境。

案例分析：华岩资本创投中国办公室。

华岩资本创投中国办公室通过"ROCK"的概念，打造关于"稳"的状态、属性、态度与精神。

华岩资本创投中国办公室

（2）瓷砖

瓷砖是以耐火的金属氧化物及半金属氧化物，经由研磨、混合、压制、施釉、烧结等过程而形成的一种耐酸碱的瓷质或石质等建筑或装饰材料。其原材料多由黏土、石英砂等混合而成。

同大理石相比，瓷砖铺贴简易，保养比较方便，价格相对偏低，具有一定的防水、耐磨、耐酸碱等优点。瓷砖品种多样，选择余地较大。瓷砖的缺点在于舒适性和保温隔热性相对较差。

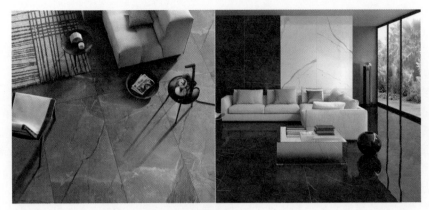

陶瓷大板

（3）木材与竹材

木材种类繁多，虽然它本身有色彩深浅的变化，但是在选择时设计师应主要考虑它的硬度、纹理及价格，因为可通过色精擦色达到满意的木色效果。下面简单介绍常用木材与竹材。

①柚木。柚木具有耐腐性较高，在各种气候条件下不易变形，易于施工等多种优点。近年来，世界柚木资源出现萎缩，一些柚木出产国开始对柚木出口进行限制，所以柚木的价格较为昂贵。

②水曲柳。水曲柳是比较常见的木材，材质略硬、富于韧性，木纹清晰，有光泽，无特殊气味，耐腐蚀、耐水性能好，木材工艺弯曲性能良好。设计师可以将水曲柳漂白，褪去黄色，使颜色变浅；也可以为木纹染上黑色或白色，创造出一种现代感。

③胡桃木。胡桃木分为黑胡桃木、灰胡桃木、红胡桃木。胡桃木是一种中等密度的坚韧硬木材，易于手工工具和机械加工，材质细腻，不易变形，极易雕刻，色泽柔和，木纹流畅，耐冲撞摩擦，打磨、蜡烫后光泽宜人，结构稳定性较强。

④竹材。竹为速生材种，其生长期大大短于其他木材，不易变形。竹经高温蒸煮与碳化后，不易生虫、抗潮耐水，柔韧性能好，密度大，硬度高，纹理自然、优雅，生长半径较小，受日照影响不严重，色差小。竹是一种可循环利用的材料。

案例分析1：广联ICC云中心。

整个空间以"云"为主题，展开空间体验模式，以参数化的设计手法让整个空间产生宏大的气势。木质的自然温暖感受和金属质感的工业化特征相结合，形成了强烈的对比。

广联ICC云中心

案例分析2：郑州ZMAKE拙人营造办公室。

运用手工竹编打造以"进窄门，走远路，见微光"为主题的入口空间。

郑州ZMAKE拙人营造办公室

（4）人造板

常见人造板如下。

①防火板。防火板是将多层纸板浸于碳酸树脂溶液中，经烘干，再以高温加压制成的。表面的保护膜使防火板具有防火防热功效。防火板还具有防尘、耐磨、耐酸碱、耐冲撞、防水、易保养，有多种花色及质感等优点。防火板的厚度一般为0.8mm、1.0mm和1.2mm。

②铝塑板。铝塑板以其经济性、可选色彩的多样性、便捷的施工方法、较佳的防火性而广受青睐。铝塑板的平整度高，颜色均匀，色泽光滑细腻，无色差，易于加工成型。铝塑板可以切割、裁切、开槽、钻孔，也可以冷弯、冷拔、冷轧，还可以铆接、螺丝连接或胶合粘接等。

③密度板。密度板是以木质纤维或其他植物纤维为原料，施加脲醛树脂或其他适用的胶粘剂制成的优质人造板材。它集轻质、强度高、隔音、隔热、不变形、平整度高、不易开裂、粘合力强、易于加工等优点于一体，但也存在韧性差、怕潮等不足。

④饰面板。饰面板是用木纹明显的高档木材旋切而成的厚度在0.2mm左右的薄木板，经过胶粘工艺制作而成的具有单面装饰作用的装饰板材。常用饰面板有樱桃木、枫木、白桦木、水曲柳、白橡木、红橡木、柚木、花梨木、胡桃木、白影木、红影木等多个品种。

（5）油漆

常见油漆如下。

①清漆。清漆是指在木质纹路比较好的木材表面涂刷的油漆，操作完成以后，仍可以清晰地看到木质纹路，有一种自然感。漆膜干燥迅速，一般为琥珀色透明或半透明体。常用的清漆有酯胶清漆、酚醛清漆、醇酸清漆、虫胶清漆、硝基清漆等。

②混油。混油是指在对木材表面进行必要的处理（如修补钉眼、打砂纸、刮腻子等）以后，在木材表面涂刷的有颜色的不透明的油漆。漆膜有各种颜色，且质地较软。混油适用于室内木材表面，施工方便，使用广泛。

（6）金属材料

金属材料是现代室内空间设计的重要材料。它不仅质地坚硬，抗压、抗弯性能强，而且对热与电的传导性强，防火和防腐性能佳，通过机械加工的方式，金属可被制作成各种形式的构件和器物。金属材料的缺点是易于生锈和难以加工。

①钢材。钢材有圆钢、方钢、扁钢、六角钢、工字钢、槽钢、等边角钢、不等边角钢及螺纹钢等。钢材作为构件时可营造极佳的现代感。

②不锈钢。不锈钢不易生锈，常分镜面不锈钢和拉丝不锈钢两类。其耐腐蚀性强，强度高而且富有弹性，表面光洁度高，在现代室内空间设计中的应用越来越广。

③铜材。铜材表面光滑，光泽度中等，其表面经磨光后可制成亮度很高的镜面。铜材常用于制作铜制装饰件、铜浮雕、门框、铜栏杆及五金配件等。常用的铜材有青铜、黄铜、红铜、白铜等。

案例分析：深圳ROARINGWILD工作室。

材质：拉丝不锈钢、水磨石、超白玻璃、亚克力。

深圳ROARINGWILD工作室

（7）透明材料

玻璃是较为常见的一种透明材料。其透明性好，透光性强，而且具有良好的防水、防酸和防碱的性能，以及适度的耐火、耐刮的性能。玻璃具有极佳的隔离效果，还能营造出一种视觉的穿透感，在无形中将空间变大。此外，透明材料还有琉璃、有机玻璃、PC阳光板等。常见的透明材料如下。

①叠烧玻璃。叠烧玻璃是一种手工烧制的玻璃。它既是装修材料，又有工艺品的美感，其纹路自然、纯朴，能体现出玻璃凹凸有致的浮雕感，有着奇妙的艺术效果。

②镜面玻璃。镜面玻璃既可以反射景物，起到扩大室内空间的效果，又能给人提供新奇的视觉体验。若两个镜面相对，相互成像，则视觉效果会更加奇特。

③磨砂玻璃。采用机械喷砂、手工研磨等方法将普通玻璃的表面处理成均匀毛面，即可获得

磨砂玻璃。

④钢化玻璃。钢化玻璃是由平板玻璃经过"淬火"处理后制成的。其强度比未经过处理的玻璃要高3~5倍。钢化玻璃还具有较好的抗冲击、抗弯、耐急冷、耐急热的性能。钢化玻璃的钻孔、磨边都应预制，因为在施工阶段处理十分困难。

⑤玻璃空心砖。玻璃空心砖是一种用两块凹形玻璃经高温高压铸成的四周密闭的空心砖块。玻璃空心砖主要用于砌筑局部墙面。其最大特色是提供自然采光且能保证私密性。它本身既可承重，又有较强的装饰作用，还具有隔音、隔热、抗压、耐磨、防火、保温、透光而不透视线等众多优点。

⑥琉璃。琉璃作为新型装饰材料，可做成隔断、屏风、墙体、门把手等。它的主要特点是具有流动、多彩的美，和灯光配合可营造古朴华贵的风格，使用效果更好。

⑦有机玻璃。有机玻璃是热塑性塑料的一种。其优点是绝缘性能良好，在一般条件下结构稳定性能强，容易成型；缺点是质地较脆，作为透光材料，其表面硬度不够大，容易擦毛。

⑧PC阳光板。PC阳光板较强的柔性和可塑性使之成为安装拱顶和其他曲面的理想材料。PC阳光板质量轻，是相同体积玻璃质量的1/15~1/12，安全不易碎，易于搬运、安装。使用PC阳光板可降低建筑物的自重，简化结构设计，节约安装费用。

案例分析：McKinsey东京办公室。

为了保证抗张强度，隔墙使用了双层的层压玻璃，并在两层玻璃之间置入了4层薄膜，以实现抗震效果。通过将玻璃放置在不锈钢模具上加热，受热变软的玻璃会因自身重量而发生偏转并产生纹理。

McKinsey东京办公室

（8）玻璃纤维

玻璃纤维包括预铸式玻璃纤维增强石膏板（GRG）、玻璃纤维增强混凝土（GRC）、玻璃纤维增强热固性塑料（GRP）3种。

预铸式玻璃纤维增强石膏板（GRG）是一种特殊装饰改良纤维石膏装饰材料。其造型的随意性使其成为要求个性化的设计师的首选。其独特的材料构成方式足以抵御外部环境造成的破损、变形和开裂。

　　玻璃纤维增强混凝土（GRC）是一种以耐碱玻璃纤维为增强体材料、以水泥砂浆为基体材料的纤维混凝土复合材料。它是一种通过模具造型、纹理、质感与色彩表达设计师想象力的材料。

　　玻璃纤维增强热固性塑料（GRP）又称"玻璃钢"，是一种复合材料，包含基体和增强体两部分。其可塑性强，经常用于装修装饰的造型部分。

　　案例分析："互融"——博炜曼办公空间（广州）。

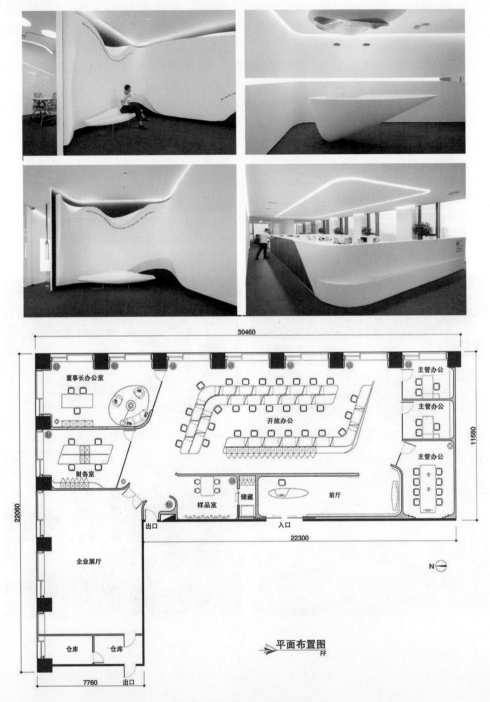

"互融"——博炜曼办公空间（广州）

2.材料的质感

　　室内界面是由材料构成的，从而引申出质感的问题。材料的质感可分为两种基本感觉类型，即触觉和视觉。触觉质感是真实的，在触摸时可以感觉出来；视觉质感是眼睛看到的。材料的质感主要表现为软硬、冷暖、粗细、明暗等。例如，木、竹的质感较暖，金属、石材的质感较凉，麻、布、皮革等的质感柔软，等等。

各种材料无论贵贱，都有其特征与美感，如大理石的华贵、混凝土的粗犷、木材的亲切，对其进行恰当的运用都可以创造出好的室内设计作品。问题不在于材料的贵贱，而在于设计师能否正确把握与合理运用材料。

3. 绿色设计

绿色设计，也称"生态设计"，是指在设计阶段将环境因素和预防污染的措施纳入设计之中，将环境性能作为设计目标和出发点，力求使设计对环境的影响最小。绿色设计强调尽量减少不必要的材料消耗，以重视再生材料的使用为原则。在今天，绿色设计不仅仅是一句时髦的口号，还是切切实实关系到每一个人切身利益的事。这对子孙后代，对整个人类社会的贡献和影响都将是不可估量的。

4. 办公空间的材料选择

办公空间是人们工作的场所，其内部环境的布置应以利于人们专心工作、提高人们的工作效率为前提。办公空间的材料选择主要集中于内部环境中的各空间界面，如立面、天花、地面等，以及一些会影响内部环境氛围的大面积装饰性物品，如屏风、窗帘等。

办公空间也是重要的信息交流场所，设计师应注重运用不同的材料在声系统和光系统中进行呈现。作为人员往来频繁的公共空间，办公空间中一般使用易于清洁的材料，特别是墙面和地面。油性涂料、木制品、抛光石材、瓷砖、地毯等均为办公空间中常用的界面材料。

环节二　界面设计

一、界面手绘设计

完成办公空间中各功能空间的界面设计。

制图形式：手绘效果图（马克笔＋彩铅）。

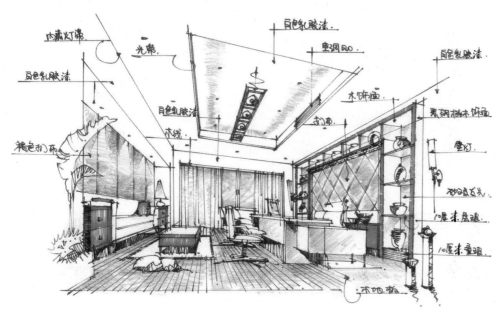

康药集团手绘效果图

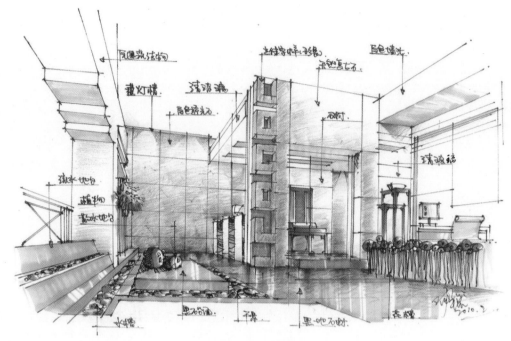

康药集团手绘效果图（续）

二、界面模型设计

绘制办公空间模型，需呈现空间的形态、色彩、材质。

制图形式：SketchUp软件制图。

成都复地创意办公示范单位

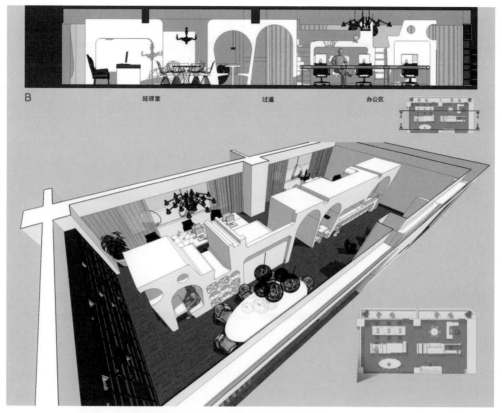

成都复地创意办公示范单位（续）

三、立面图设计

绘制办公空间的立面图，需呈现空间的形态、材质。

制图形式：CAD软件制图。

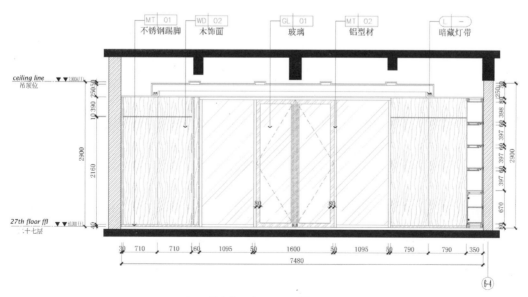

民发集团（27层）立面图

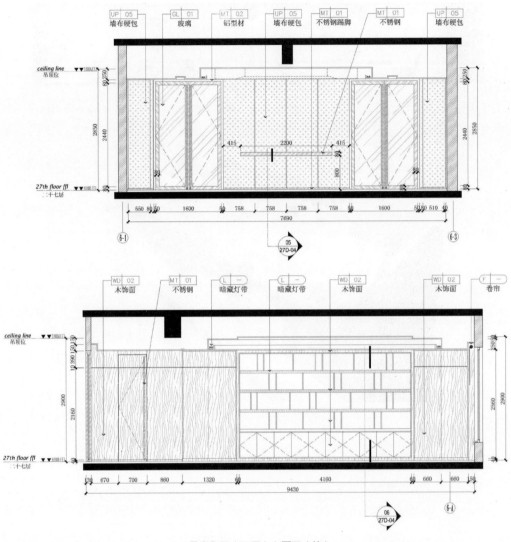

民发集团（27层）立面图（续）

小结

1. 办公空间设计专题——空间形态训练。
2. 办公空间设计专题——色彩运用训练。
3. 办公空间设计专题——材料美学训练。
4. 办公空间设计专题——手绘效果图绘制。
5. 办公空间设计专题——空间模型绘制。
6. 办公空间设计专题——立面图绘制。

思考与训练 1-6

1. 分析办公空间设计专题——界面设计中形式美法则的运用情况。
2. 分析办公空间设计专题——界面设计中色彩的运用情况。
3. 分析办公空间设计专题——界面设计中材料的运用情况。

任务七　办公空间室内陈设设计

任务表 1-7

项目一	任务一办公空间设计项目启动	任务二办公空间设计调查	任务三办公空间概念设计	任务四办公空间平面布置	任务五办公空间系统设计	任务六办公空间界面设计	任务七办公空间室内陈设设计	任务八办公空间设计方案表现	任务九办公空间施工制图	任务十办公空间设计汇报
任务说明	了解室内陈设设计的基础理论，并完成室内陈设设计方案									
知识目标	1. 了解室内陈设设计的概念 2. 了解室内陈设设计的要素 3. 了解室内陈设设计的原则 4. 了解室内陈设设计的范围									
能力目标	1. 能够确定办公空间室内陈设设计的主题 2. 能够根据主题寻找办公空间室内陈设设计的元素 3. 能够熟练制作办公空间室内陈设设计方案文本 4. 能够完成办公空间实物陈设									
工作内容	1. 实用品类陈设、艺术品类陈设和绿化类陈设的选配 2. 办公空间室内陈设设计方案的制作 3. 办公空间实物陈设									
工作流程	知识准备→实用品类选配→艺术品类选配→绿化类选配→设计方案制定→实物陈设									
评价标准	1. 室内陈设设计方案文本 30% 2. 办公空间实物陈设 70%									

环节一　知识探究

一、室内陈设设计的概念

"陈设"一词作为动词有排列、布置、安排、展示的含义，作为名词又有摆件之意。现代意义的陈设与传统的摆设有相通之处，但前者涉及的领域更为广阔，可以说任何环境空间都涉及陈设艺术问题。

室内陈设设计，又称软装饰，是在完成建筑的地面、墙面、顶面装修之后，根据室内总体环境设计、功能要求、使用对象要求、审美要求、工艺要求、预算要求、市场现状，利用

室内陈设设计

易更换、可移动的物品，对室内进行二度陈设与布置，以创造出高舒适度、高艺术品位的整体室内环境。室内陈设设计的内容为建筑界面装修以外的室内所有的可移动物品，主要包括以生活设施、设备等的使用功能为主的生活物品及具有观赏性的物品。

二、室内陈设设计的要素

选择室内陈设物品时，设计师主要应考虑以下要素。

①风格。风格主要包括现代、轻奢、古典、田园、东方等，设计师可以对这些风格进行进一步细分。

②造型。设计师在考虑室内陈设本身造型的同时，还要考虑其造型与环境的协调性。

③色彩。选择较为强烈的对比色彩，能够取得生动强烈的视觉效果。

④材质。室内陈设种类繁多，其肌理和工艺各有特色，设计师应注重材质的不同属性。

⑤体量。设计师应根据空间大小与尺度关系进行室内陈设设计，以形成恰当的比例关系。

三、室内陈设设计的原则

室内陈设设计的原则主要有主次原则、均衡原则、个性原则、整体原则4条。

①主次原则——有主有次，使空间层次丰富。在诸多室内陈设中分出主要陈设及次要陈设，使主要陈设在空间中形成视觉中心，而使其他陈设处于辅助地位，以加强空间的层次感。

②均衡原则——构图均衡，使空间关系合理。室内陈设的大小应以空间尺度为依据而确定，要与室内空间尺度形成良好的比例关系，最终达到视觉上的均衡。

③个性原则——强化室内空间的个性特征。室内陈设的选择与布置应体现企业的职业特征和文化内涵，注重企业修养、品位的塑造。

④整体原则——从室内环境的整体性出发，在统一中求变化。设计师应当从室内陈设的风格、造型、色彩、材质、体量等各方面加以推敲。

四、室内陈设设计的范围

室内陈设分实用品类陈设、艺术品类陈设、绿化类陈设三大类。

1.实用品类陈设

实用品类陈设包括家具、电器、灯具、织物、器皿、器材等。

（1）家具

家具是室内陈设的主要部分。家具选配是在满足实用功能的前提下，在形式美法则的指导下，对家具的造型、风格、结构、体量、色彩、材料等方面所进行的艺术性的选择与配置。

1）家具的形式与分类

家具的形式与分类见表1-4。

表1-4 家具的形式与分类

分类方式	形式与分类	说　明
按功能分	坐卧类家具	坐卧类家具是指支撑整个人体的家具，如床、榻、椅、凳、沙发等
	凭倚类家具	凭倚类家具是指供人凭倚并进行操作的家具，如桌、几、台等
	贮存类家具	贮存类家具是指用于存放物品的家具，如橱、柜、箱、架、搁板等
按材料分	木制家具	普通木材有榆木、椴木、柞木、香樟木等，高级木材有楠木、红木、花梨木、紫檀木等。木制家具造型丰富，色泽自然，纹理清晰，导热性弱，有一定的弹性和透气性

分类方式	形式与分类	说　明
按材料分	竹制家具	竹制家具清秀文雅、光洁凉爽，属夏令家具
	藤制家具	藤制家具色泽素雅、清新，结构轻巧，平实自然、柔韧性好、透气性强、手感清爽，兼实用性与艺术性于一体，具有大自然的本色风情
	金属类家具	金属类家具通常有钢材、铝合金和铸铁3种金属骨架，与木板、玻璃板、大理石、塑料板结合，轻巧灵活，富有现代感
按结构形式分	板式家具	板式家具是用各种不同规格的板材，借助黏合剂或专用五金件连接而成的。板式家具的板材起承重与围护作用。此类家具节约木材，结构简单，组合灵活，造型大方新颖，富有时代感，便于可实现机械化和自动化生产
	折叠家具	折叠家具可在用时打开，体积小，占地面积小，具有移动、堆积、运输、存放方便等特点
	支架家具	支架家具由两部分组成：一部分为支架，另一部分为柜橱或隔板。此类家具可悬挂于墙上，也可支撑在地面上，轻巧活泼，制作简便，不占或少占地面，并能丰富墙面空间
	充气家具	充气家具的主体是胶囊，这类家具造型轻盈透明，新颖别致
按使用特点分	配套家具	配套家具应用色彩、线脚、装饰等手段使多件家具达到统一配套的效果
	组合家具	组合家具由若干个标准零件或家具单元组合而成。它有储量大、功能多、形式多样、安置灵活等优点
	固定家具	固定家具指固定于建筑结构上而不能任意搬动的家具，如壁橱、吊柜与墙上隔板等。它既能满足储藏、陈设、装饰要求，又能利用空间，节省使用面积，增强环境整体感

2）家具的选用和布置原则

家具的选用和布置应遵循位置恰当、大小适宜、多少有度、风格统一等原则。

①位置恰当。陈设位置应满足人们在使用家具时对使用空间和周边环境的要求，且位置恰当，方便使用。

②大小适宜。除了考虑家具的尺寸与体量、人体工程学外，设计师还应该考虑环境、空间的大小、用途性质等，小空间应选配多功能、尺寸较小的家具，大空间应配置一些豪华、厚实、粗重的家具，以与环境的氛围相协调。

③多少有度。家具主要有3种基本形式：实用为主、观赏为主、实用与观赏并存。家具的种类与数量应根据空间使用要求、设计风格及使用者的要求进行合理选配，达到多少有度。

④风格统一。在选配家具时，设计师通常需要考虑室内装修风格的特点，或富丽，或质朴，或简洁，或自然，或富有原创意味，或具有独到之处，使家具与装修风格浑然一体。

名称：禅椅　　编号：WACY02　　尺寸：950×830×620
材料：桦木　　颜色：本色/黑檀色

家具

（2）电器

电器主要包括投影设备、音响、空调等。在陈设布置电器时，设计师应首先考虑实现其实用功能，然后考虑使电器与室内环境形成统一和谐的整体。

（3）灯具

灯具，作为室内空间的眼睛，其位置至关重要。在室内空间设计中，灯具不仅可以用来照明，还可以用作装饰，不同款式的灯具可以点缀出不同的效果。灯具的主要类别如下。

①吊灯。吊灯是悬挂在顶棚上的灯具，为经常采用的普遍性照明灯具，有直接、间接、下向照射及散光等多种灯型。吊灯的大小、灯头数的多少均与室内空间的大小有关。

②吸顶灯。吸顶灯是紧贴在天花板上的灯具，包括下向照射、散光及全面照明等几种灯型。吸顶灯使顶棚较亮，并使整个房间具有明亮感，在室内空间中被广泛采用。

③嵌顶灯。嵌顶灯是嵌装在顶棚内部的隐藏式灯具，为向下照射的直接光灯型，在有空调和有吊顶的房间中采用较多。由于它会使房间产生阴暗感，因此嵌顶灯常和其他灯具配合使用。

④筒灯。筒灯是一种嵌入天花板内的，向下照射的照明灯具。这种隐藏式灯具的光线都向下照射，属于直接光。选择不同的光源属性，可以取得不同的光线效果。

⑤壁灯。壁灯是安装在立面上的灯具，也是室内装饰及补充型照明灯具，一般用低亮度光源，以起到美化环境和烘托氛围的作用。

⑥活动灯具。活动灯具是可以自由放置的灯具。桌面上的台灯、地板上的落地灯都属于这种灯具。这是最具有弹性的一种灯型。

灯具

（4）织物

织物主要包括地毯、窗帘、床罩、台布、靠垫等布艺品。它们除了具有实用功能外，还可以起到调整室内色彩、补充室内装饰、增强室内设计个性的作用。织物一般质地柔软、手感舒适，易使人产生温暖感和亲近感。使用天然纤维如棉、毛、麻、丝等材料制成的织物易于创造富有"人情味"的自然空间，从而缓和室内空间的生硬感，起到柔化空间的作用，同时也可以丰富室内空间的色彩。

（5）器皿、器材

器皿包括餐具、茶具、酒具等，器材包括乐器、健身器材、文具、玩具等。器皿和器材能体现主人的爱好和情操。

织物

2.艺术品类陈设

艺术品类陈设为纯观赏性的物品配置，可赋予室内空间以精神价值。艺术品类陈设可用于营造文化氛围，提高室内空间的档次和丰富室内空间的文化内涵，满足人们的审美与精神需求。

艺术品类

艺术品类陈设主要有工艺品、书画作品、壁挂、雕塑、陶艺、纪念品、古典书籍、收藏品等。其主要陈列形式有以下几种。

①悬挂（轻质、片状）：书画作品（书法、国画、油画、装饰画、漆画、版画等）、摄影作品、壁挂（如浮雕、织物等）等。

②落地（重质、体大）：大型、雕塑、陶艺等。

③托架（轻质、体小）：小型雕塑、纪念品、文物古玩、陶艺。

3.绿化类陈设

（1）室内绿化的作用

1）改善室内环境

室内绿化可以在一定范围内调节室内温度和湿度，净化室内空气，减少噪声，从而改善室内环境，优化人与室内环境之间的关系。

2）强化空间功能

强化空间功能主要体现在延伸空间、强调空间、柔化空间3个方面。

①延伸空间。将植物引进室内，可使人们在室内欣赏绿色景观，使内部空间兼有外部空间的感觉。

②强调空间。室内绿化具有观赏性，能强烈吸引人们的注意力，因而常能巧妙而含蓄地起到提示与指向的作用。

③柔化空间。现代办公空间大多给人以生硬冷漠之感，利用植物特有的曲线、多姿的形态、柔软的质感可以改变人们对办公空间的印象。

3）组织空间意境

组织空间意境主要体现在以下4个方面。

①丰富室内剩余空间。在沙发等大型家具的转角或端头等一些难以利用的空间死角布置绿化类陈设，可使这些空间景象焕然一新。

②装饰搭配。植物与家具、灯具等相结合，可形成一种综合性的艺术陈设，以增强装饰效果。

③装饰背景。植物丰富的形态和色彩可用于装饰背景。

④重点装饰。组合盆栽或有特色的植物，可作为室内的重点装饰。

植物

（2）室内绿化的表现形式

室内绿化的类型多为盆栽、插花、盆景3类。室内绿化的植物数量与配置形式见表1-5。

表1-5　植物数量与配置形式

植物数量	配置形式
孤植	多设在视觉中心或空间转变处
对植	常采用对称的方式布置于入口、楼梯、活动区两侧，分为单株对植和组合对植两类
群植	用以突出某种花木的自然特性，分为同种花木组合群植和多种花木混合群植两类

五、室内陈设设计的构成与空间气质

（1）陈设构成

室内陈设为实用品类（如家具、灯具、织物等）、艺术品类、绿化类的综合搭配。室内陈设的构成见表1-6。

家具　　　　　灯具　　　　　织物　　　　　艺术品类　　　　　绿化类

室内陈设的综合搭配

表1-6 室内陈设的构成

类别	作品	形式（样式）表现		功能	选配原则
实用品类	家具	坐卧类	支撑整个人体的家具，如床、榻、椅、凳、沙发等	方便生活 分隔空间 营造气氛 陶冶情操 体现风格 展示品位 表现爱好	位置恰当 大小适宜 多少有度 风格统一
		凭倚类	供人凭倚并进行操作的家具，如桌、几、台等		
		贮存类	用于存放物品的家具，如橱、柜、箱、架、搁板等		
	电器	空调、冰箱			
	灯具	吊灯、吸顶灯、筒灯、壁灯等			
	织物	地毯、窗帘、床罩、靠垫等			
	器皿	餐具、茶具、酒具等			
	器材	乐器、健身器材、文具、玩具等			
艺术品类	悬挂	书画作品（书法、国画、油画、装饰画、漆画、版画等）、摄影作品、壁挂（浮雕、织物等）等		丰富文化 内涵，满 足审美与 精神需求	主次分明 视觉均衡 表现个性 同中求变
	落地	大型雕塑、陶艺等			
	托架	小型雕塑、纪念品、文物古玩、陶艺等			
绿化类	盆栽	对植	单株对植、组合对植	柔化空间 改善环境 强化功能 组织意境	点缀 不宜过多
		群植	同种花木组合群植、多种花木混合群植		
	插花	可分为直立型、倾斜型、平出型、平铺型和倒挂型			
	盆景	可分为树桩盆景和山水盆景两大类，由景、盆、几（架）组成统一整体。人们把盆景誉为"立体的画"和"无声的诗"			

（2）空间气质

把"空间"比作"人"，人不变，道具变了，人的气质和形象就变了，观众的视觉感受也变了。

人物气质和形象的变换

对室内陈设元素进行整合，可以获得不同的空间气质，如质朴、高贵、唯美、奢华、空灵、神秘、清新、浪漫等。

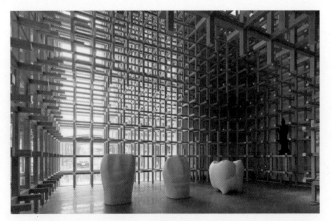

空灵

神秘

环节二　室内陈设设计

一、室内陈设设计实施步骤

第一步：确定空间主题（如星空、浪漫、大海、森林等）。
第二步：根据主题寻找合适的空间形态、色彩、材料。
第三步：制订设计方案，完成室内陈设设计方案文本。
第四步：实施设计，以小组形式完成实物陈设。

抓阄确定主题

分组讨论消化

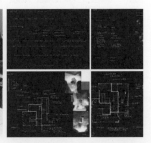

具象"形色质"并物化空间

实施步骤

二、室内陈设设计实践参考

室内陈设：武汉融海投资室内陈设设计方案。

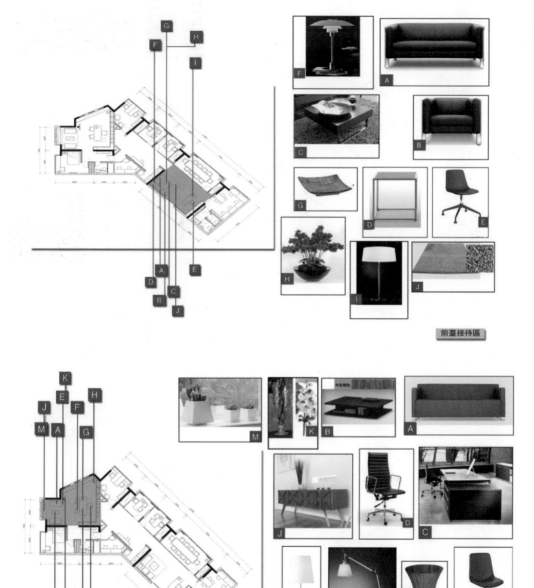

前臺接待區

总经理办公室

武汉融海投资室内陈设设计方案

总经理休息室

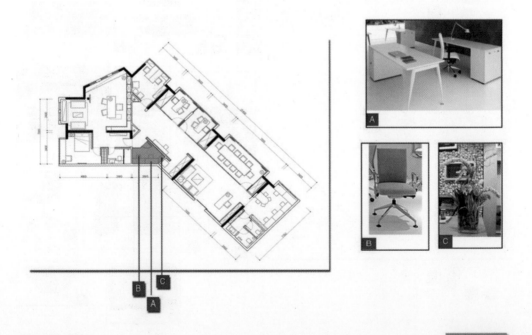

秘书办公室

武汉融海投资室内陈设设计方案（续）

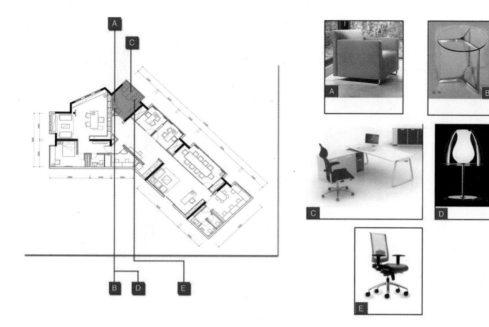

财务办公室

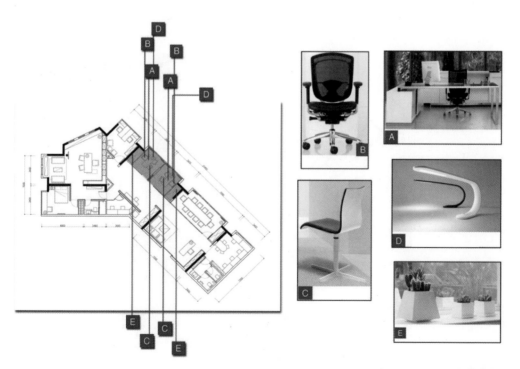

副总办公室

武汉融海投资室内陈设设计方案（续）

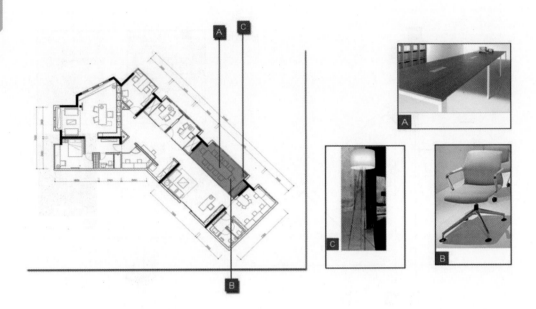

会议室区域

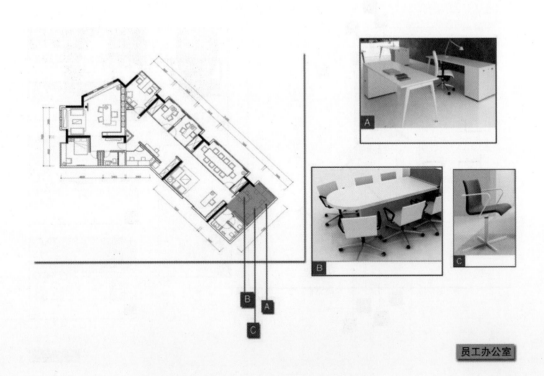

员工办公室

武汉融海投资室内陈设设计方案（续）

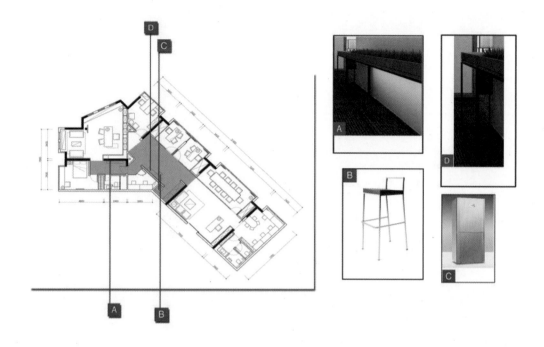

公共区域

武汉融海投资室内陈设设计方案（续）

小 结

1.实用品类、艺术品类、绿化类等陈设元素的选配。

2.办公空间室内陈设设计方案的制作。

3.办公空间的实物陈设。

思考与训练 1-7

在市场调研的基础上，从室内陈设设计方案的实际需要出发，选配陈设物品，参考本任务中的室内陈设设计案例，完成室内陈设设计。

任务八　办公空间设计方案表现

任务表 1-8

项目一	任务一办公空间设计项目启动	任务二办公空间设计调查	任务三办公空间概念设计	任务四办公空间平面布置	任务五办公空间系统设计	任务六办公空间界面设计	任务七办公空间室内陈设设计	任务八办公空间设计方案表现	任务九办公空间施工制图	任务十办公空间设计汇报
任务说明	绘制项目设计方案中的手绘效果图、电脑效果图									
知识目标	1. 了解手绘效果图表现技法 2. 了解电脑效果图表现技法									
能力目标	1. 能够根据平面图、立面图，完成手绘效果图制作 2. 能够根据平面图、立面图，完成电脑效果图制作									
工作内容	1. 手绘效果图表现 2. 电脑效果图表现									
工作流程	手绘效果图表现→电脑效果图表现									
评价标准	1. 手绘效果图 35% 2. 电脑效果图 65%									

环节一　手绘效果图表现

目前，设计行业的手绘效果图以使用马克笔和水溶性彩铅两种工具为主。

马克笔结合水溶性彩铅是一种非常快捷的手绘表现形式，由于其自身表现的快捷性和工具的易于携带性而被广大设计师所喜爱。设计师可以用简洁、明快的色彩表现其设计理念，并可以边同项目委托方沟通边绘图。

一、线稿绘制

线稿绘制环节的主要步骤如下。

①规划整体效果时，先从空间整体的结构透视线开始，勾画空间雏形。

②绘制空间主要物体，在绘制过程中采用从整体到局部，从主要到次要的步骤。

③绘制完整体效果后，在空间中添加陈设与配饰物品，以丰富空间内容。

④对空间中的主要部分进行重点刻画，完善空间，加强画面整体感。

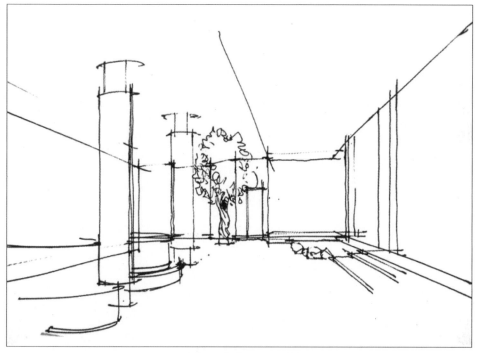

线稿绘制步骤①勾画空间雏形

线稿绘制步骤②重点刻画

　　绘制室内空间的线稿时常采用一点透视、两点透视两种手法。

　　一点透视是最常用的透视形式之一，又称平行透视，也是最基本的作图方式之一。一点透视的定义是，矩形室内空间的一面与画面平行，其他垂直于画面的诸线将汇集于视平线中心的灭点上，这些线的交点与灭点重合。

　　两点透视也叫成角透视。与一点透视相比，当平放在水平基面上的立方体与垂直基面的画面构成一定的夹角关系（不包括0°、90°、180°）时，这样的立方体与画面构成的透视即平行透视称为两点透视（即成角透视）。

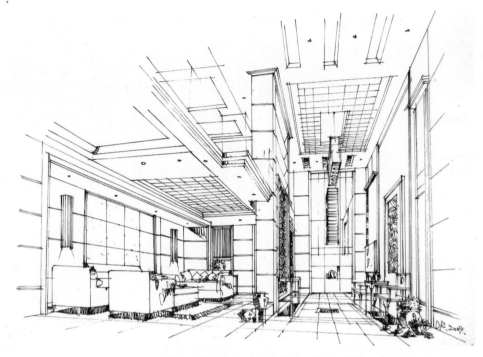

一点透视线稿：董事长办公室空间设计（绘图：邸锐）

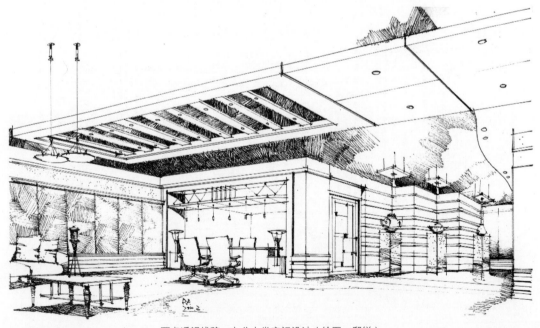

两点透视线稿：办公大堂空间设计（绘图：邸锐）

　　将空间透视关系表现出来之后，设计师需要绘制陈设物品来丰富空间。设计师在绘制陈设物品之前，需要找到物品所处位置；绘制陈设物品时，需要注意物品间的尺寸比例和透视关系。

　　陈设物品的绘制与表现需要设计师落笔肯定，处理好物品的前后关系、比例关系、线条的疏密对比等；需要简洁概括，用最少的线条表现尽可能多的细节；始终注意画面的整体感、空间感，重点刻画处于视觉中心的陈设物品。

重点练习室内植物、画框等陈设物品的绘制，避免空间死板，使整体场景生动灵活

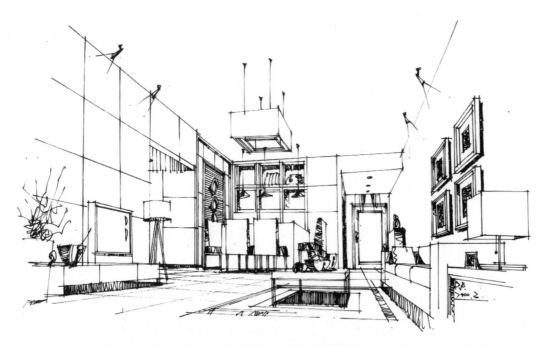

陈设物品的绘制也应当有主次之分，处于视觉中心的物品应当重点刻画，而周边物品可相对概括
样板房空间设计（案例来源：界联设计顾问有限公司）

二、上色

上色环节的主要步骤如下。

①上色之前，应先分析画面整体色彩构成，做到心中有数。

②绘制时先从整体入手，绘制空间的基本色调。

③刻画空间重点部分时，颜色应厚重，避免轻浮。

④注意画面中空间界面之间的转折，加强画面空间感。

⑤完善整体效果，可运用水溶性彩铅进行绘制，增加画面中的笔触感，使画面更加生动。

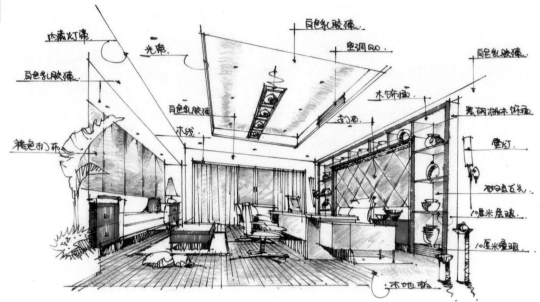

办公室手绘效果图：绘制时不一定面面俱到，有时候对局部进行留白处理能够得到更好的效果（绘图：邸锐）

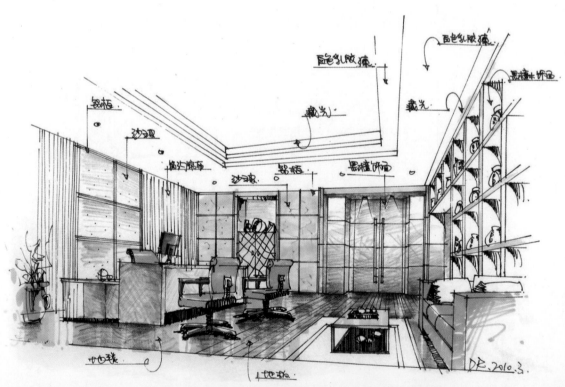

董事长办公室手绘效果图：设计中多运用木地板、皮革软包等暖色材料，色彩表现以冷灰调为主，以使画面保持协调
（绘图：邸锐）

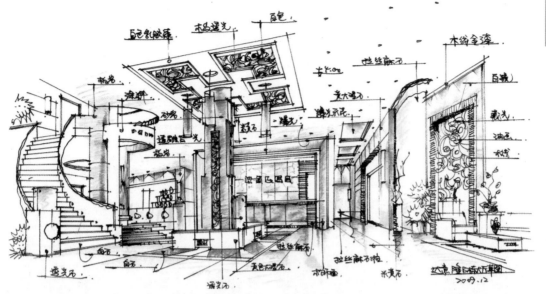

线稿是手绘效果图的灵魂，设计师应在视觉中心使用色彩予以辅助渲染，使画面具有生命力（绘图：邸锐）

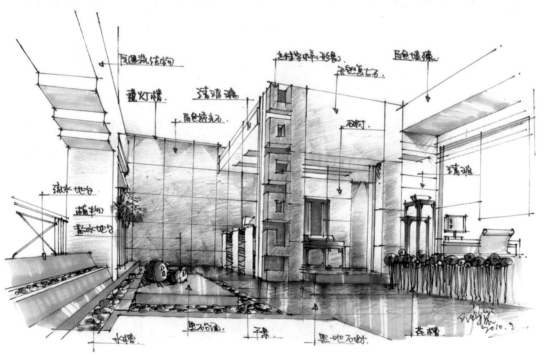

公共空间手绘效果图应更多地注重立面、地面、天花三大界面的设计处理，强调画面的整体感与简洁性
（绘图：邸锐）

环节二　电脑效果图表现

电脑效果图是目前室内设计中最为常用的一种表现形式。电脑效果图具有很强的画面真实感，能将材质、灯光和陈设设计等直观地表现出来，便于与项目委托方沟通。目前，电脑效果图的常用绘制软件有SketchUp、3ds Max、VRay、Photoshop等，辅助建模软件有Rhino、Zbrush等，动画集成软件有Lumion等。

一、使用 3ds Max+VRay+Photoshop 绘制效果图

3ds Max+VRay+Photoshop效果逼真，操作方便，是目前设计行业中最常用的电脑效果图绘制软件组合之一。

武汉融海投资有限公司方案表现

正佳集团总部方案表现

二、使用 SketchUp+Photoshop 绘制效果图

SketchUp又称"草图大师"，是一套直接面向空间设计方案创作的设计工具，使用者既可以利用草图快速生成概念模型，也能基于图纸创作出尺寸精准的设计模型。SketchUp可以流畅地与AutoCAD、3ds Max、VRay、Lumion等软件进行衔接。使用SketchUp+Photoshop制图，设计师既可以更多地关注设计概念、进行创意构思，又可以在设计工作的各个阶段实时了解设计的最终效果。

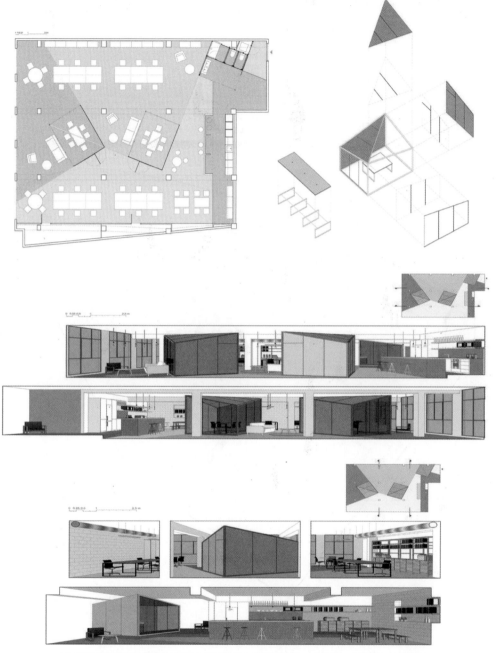

巴塞罗那 ZAMNESS 共享办公空间方案表现（包括平面图、分析图、剖面图、透视图）

目心设计研究室办公空间设计方案表现（包括立面图、剖面图、轴测图）

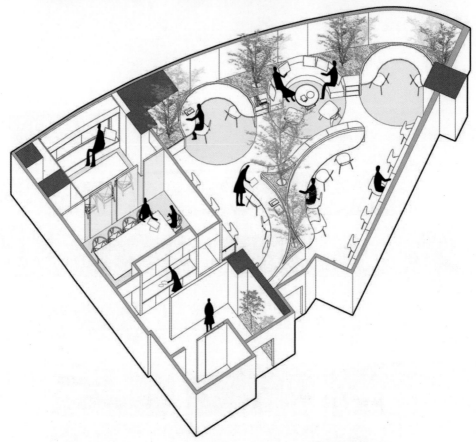

目心设计研究室办公空间设计方案表现（包括立面图、剖面图、轴测图）（续）

小 结

1.办公空间设计的手绘效果图表现。
2.办公空间设计的电脑效果图表现。

思考与训练 1-8

绘制办公空间设计项目各功能空间的手绘效果图、电脑效果图。

任务九 办公空间施工制图

任务表 1-9

项目一	任务一办公空间设计项目启动	任务二办公空间设计调查	任务三办公空间概念设计	任务四办公空间平面布置	任务五办公空间系统设计	任务六办公空间界面设计	任务七办公空间室内陈设设计	任务八办公空间设计方案表现	任务九办公空间施工制图	任务十办公空间设计汇报
任务说明	了解室内空间设计施工制图标准，绘制办公空间设计项目的施工图									
知识目标	1. 了解室内空间设计施工制图的图纸构成 2. 了解封面、目录、设计说明 3. 了解图框说明 4. 了解图纸说明 5. 了解图层样式与快捷命令 6. 了解图纸修改									
能力目标	1. 熟练绘制办公空间平面图系统 2. 熟练绘制办公空间立面图系统 3. 熟练绘制办公空间大样图系统 4. 熟练编制施工制图目录系统									
工作内容	1. 办公空间平面图系统的绘制 2. 办公空间立面图系统的绘制 3. 办公空间大样图系统的绘制 4. 办公空间施工制图目录系统的编制									
工作流程	平面图系统绘制→立面图系统绘制→大样图系统绘制→目录系统编制									
评价标准	1. 平面图系统绘制 30% 2. 立面图系统绘制 30% 3. 大样图系统绘制 20% 4. 目录系统编制 20%									

环节一 知识探究

施工图是设计得以进行的依据，用以具体指导每个工种、工序的施工。施工图把结构要求、材料构成及施工工艺要求等用图纸的形式交代给施工人员，以便施工人员准确、顺利地组织和完成工程施工。为了更好地组织和管理图纸，图纸的命名方式和规则、图纸的排列顺序、节点大样符号的命名规则等都是设计师需要认真学习的内容。施工图管理不仅是一门技巧，而且是一门学问。

本环节以广州明思卓域装饰设计工程有限公司的施工图的制图标准为例进行讲解。

一、图纸的构成

室内空间设计中的施工图主要包括封面、目录、材料表、设计说明、主要工艺技术及要求说明（施工技术说明）、原有建筑结构图、平面布置图、天花布置图、天花大样索引图、天花造型开线图、天花灯具开线图、平面开线图、地面铺贴图、开关控制图、平面插座图、平面水暖图、立面图系统、大样图系统、水电图系统等，同时视情况增加幕墙图、钢结构图、弱电图等图纸。

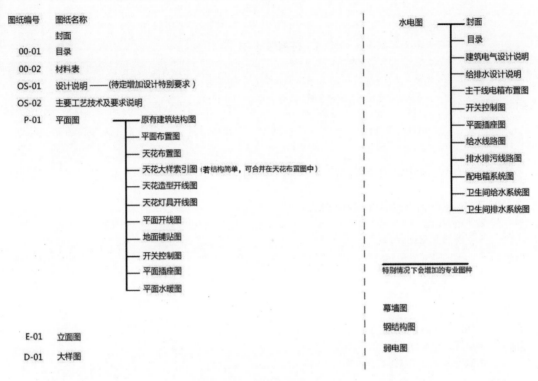

图纸构成（图纸厚度20mm以内）

二、封面、目录、设计说明

1.封面

封面内容主要包括项目名称（中、英文）、图纸类型（如方案、装施、水电、空调、机电等）、日期（中、英文）、制图单位等内容。

封面图框说明

2.图纸目录

图纸目录通常会按照平面图系统（代码为P）、立面图系统（代码为E）、大样图系统（代码为D）3个部分进行编排。

室内装饰设计施工图纸目录一
THE INTERIOR CONSTRUCTION DRAWINGS DIRECTORY

顺序号 SERIATION	图纸编号 SHEET NO	图纸名称 DRAWING FILENAME	图幅 SHEET	比例 SCALE	备注 NOTE
0001	00-01	封面	A3		
0002	00-02	图纸目录一	A3		
0003	00-03	图纸目录二	A3		
0004	00-04	材料表	A3		
0005	0S-01	设计说明	A3		
0006	0S-02	主要工艺技术及要求说明一	A3		
0007	0S-03	主要工艺技术及要求说明二	A3		
0008	0S-04	主要工艺技术及要求说明三	A3		
0009	0S-05	主要工艺技术及要求说明四	A3		
平面图系统 PLAN VIEW					
0010	P-00	原有结构图	A3	1:75	
0011	P-01	平面索引图	A3	1:75	
0012	P-02	天花布置图	A3	1:75	
0013	P-02a	天花剖面索引图	A3	1:75	
0014	P-03	天花造型开线图	A3	1:75	
0015	P-04	天花灯具开线图	A3	1:75	
0016	P-05	地材布置图	A3	1:75	
0017	P-06	平面开线图	A3	1:75	
0018	P-07	开关控制图	A3	1:75	
0019	P-08	插座布置图	A3	1:75	
0020	P-09	平面水暖图	A3	1:75	
立面图系统 ELEVATION					
0021	E-01	客厅A立面图	A3	1:30	
0022	E-02	客厅B立面图	A3	1:30	
0023	E-03	客厅C立面图	A3	1:30	
0024	E-04	客厅D立面图	A3	1:30	
0025	E-05	多功能室A、B立面图	A3	1:30	
0026	E-06	多功能室C、D立面图	A3	1:30	
0027	E-07	主卧室A、C立面图	A3	1:30	
0028	E-08	主卧室B立面图	A3	1:30	
0029	E-09	主卧室衣柜内结构图	A3	1:15	
0030	E-10	主卧室D立面图	A3	1:30	
0031	E-11	主卧室卫生间A、B立面图	A3	1:30	
0032	E-12	主卧室卫生间C、D立面图	A3	1:30	
0033	E-13	厨房A、B立面图	A3	1:30	
0034	E-14	厨房C、D立面图	A3	1:30	
0035	E-15	厨房E立面图	A3	1:30	
0036	E-16	厨房F、G立面图	A3	1:30	
0037	E-17	卫生间A、B立面图	A3	1:30	
0038	E-18	卫生间C、D、E立面图	A3	1:30	
0039	E-19	卧室A、B立面图	A3	1:30	

顺序号 SERIATION	图纸编号 SHEET NO	图纸名称 DRAWING FILENAME	图幅 SHEET	比例 SCALE	备注 NOTE
0040	E-20	卧室衣柜内结构图	A3	1:15	
0041	E-21	卧室C、D立面图	A3	1:30	
大样图系统 DETAIL					
0042	TD-01	天花a、b、c、d大样图	A3	1:8	
0043	TD-02	天花e、f、g、h大样图	A3	1:8	
0044	D-01	客厅地花放样图	A3	1:16	
0045	D-02	淋浴间地花放样图	A3	1:8	
0046	D-03	标准大样图1	A3	1:5	
0047	D-04	标准大样图2	A3	1:5	
0048	D-05	多功能室钢板架放样图	A3	1:15	
0049	D-06	a、b大样图	A3	1:15	
0050	D-07	多功能室书台架构图	A3	1:5	
0051	D-08	多功能室书台大样图	A3	1:5	
0052	D-09	多功能室窗台柜大样图	A3	1:8	
0053	D-10	多功能室抽屉大样图	A3	1:5	
0054	D-11	厨柜放样图	A3	1:16	
0055	D-12	厨柜a大样图	A3	1:5	
0056	D-13	厨柜b大样图	A3	1:5	
0057	D-14	厨房冰箱柜放样图	A3	1:16	
0058	D-15	厨房冰箱柜a大样图	A3	1:5	
0059	D-16	主卧室卫生间洗手台放样图	A3	1:10	
0060	D-17	主卧室卫生间洗手台a大样图	A3	1:5	
0061	D-18	主卧室卫生间洗手台a大样图	A3	1:5	
0062	D-19	卫生间洗手台放样图	A3	1:10	
0063	D-20	卫生间洗手台a、b大样图	A3	1:5	
0064	D-21	卫生间屏风a、b放样图	A3	1:8	
0065	D-22	客厅茶几大样图	A3	1:8	
0066	D-23	客厅角几大样图	A3	1:8	
0067	D-24	01～04大样图	A3	1:5	
0068	D-25	05～08大样图	A3	1:5	
0069	D-26	09～11大样图	A3	1:5	
0070	D-27	12大样图	A3	1:5	
0071	D-28	13大样图	A3	1:5	
0072	D-29	14大样图	A3	1:5	
0073	D-30	15大样图	A3	1:5	
0074	D-31	16、17大样图	A3	1:5	
0075	D-32	主卧室床头柜大样图	A3	1:5	
0076	D-33	18大样图	A3	1:5	
0077	D-34	19大样图	A3	1:5	
0078	D-34a	主卧室衣柜门结构图	A3	1:5	
0079	D-34b	主卧室衣柜门正立面图	A3	1:5	
0080	D-34c	主卧室衣柜门侧立面图	A3	1:5	

星尚花园02户型样板房
图纸目录一
00-02
A3
2013.11.09
0002

图纸目录

3. 材料表

材料表目录通常按照石材（ST）、瓷砖（CT）、墙布（WC）、木材（WD）、玻璃（GL）、金属（MT）、油漆（PT）、地毯（CP）、皮革（UP）等进行编排。

室内装饰设计材料表一
INTERIOR DECORATION DESIGN AND MATERIAL LISAT

材料编号 MATERIALS NO	材料名称 MATERIALS NAME	产地 ORIGIN	使用部位 SERVICE PART	规格(单位:mm) SPECIFICATION	备注 REMARK
01. 石材 Ston1E-(ST)					
ST-01	大理石		地下层桌球区,楼梯间墙面	厚度:20mm	外墙30mm厚
ST-02	文化石		地下层卡拉OK墙面	厚度:20mm	
ST-03	人造石		地下层卡拉OK柜台面	厚度:20mm	
ST-04	大理石		洗手间墙面	厚度:20mm	
ST-05	大理石		洗手间台面	厚度:20mm	
ST-06	大理石		家庭厅墙面	厚度:20mm	
ST-07	大理石		二层客房W.C台面	厚度:20mm	
ST-08	玉石		首层玄关墙面	厚度:20mm	
ST-09	大理石		三层洗手间墙面,台面	厚度:20mm	
ST-10	大理石		首层水池花槽	厚度:20mm	
ST-11	大理石		中空电梯外墙	厚度:20mm	外墙30mm厚
ST-12	大理石		地面铺贴（深色）	厚度:20mm	
ST-13	大理石		地面铺贴（浅色）	厚度:20mm	水池边和水面30mm厚
ST-14	大理石		三层花槽	厚度:20mm	
02. 瓷砖 Ceramic til1E-(CT)					
CT-01	艺术马赛克				
CT-02	贝壳		门造型,餐厅墙面造型		
CT-03	砖材		首层茶检墙面		
CT-04	砖材		首层水池墙面	300X300	
CT-05	砖材		地面铺贴,脚线	600X600	
03. 墙布 Wallcover-(WC)					
WC-01	墙布		二层小孩房墙面		
WC-02	墙布		二层家庭厅墙面		
WC-03	墙布		二层主人房墙面		
WC-04	墙布		二层客房墙面		
WC-05	墙布		二层客房1主墙面		
WC-06	墙布		二层客房2主墙面		
WC-07	墙布		二层客房3主墙面		
WC-08	墙布		首层餐厅,偏厅		
WC-09	墙布		首层父母房		
WC-10	墙布		三层小孩房主墙面		
WC-11	墙布		三层小孩房书房墙面		
WC-12	墙布		三层家庭厅墙面		
WC-13	墙布		三层主人房墙面		
WC-14	墙布		三层客房,起居室墙面		
WC-15	墙布		三层客房1起居室主墙面		
04. 木材 Woo1E-(WD)					
WD-01	木皮板		天花，立面		
WD-02	木皮板		立面造型		

材料编号 MATERIALS NO	材料名称 MATERIALS NAME	产地 ORIGIN	使用部位 SERVICE PART	规格(单位:mm) SPECIFICATION	备注 REMARK
WD-03	漏天花叠实木板		天花		
WD-04	吸音板		墙面		
WD-05	木地板		地面铺贴		
WD-06	吸音板		天花		
05. 玻璃/镜子 Glass-(GL)					
GL-01	金色镜面亚克力		地下室天花		
GL-02	透光机片		天花	厚度:5mm	
GL-03	灰色玻璃				
GL-04	清镜		卫生间	厚度:5mm	
GL-05	钢化清玻璃			厚度:12/15/19mm	
GL-06	夹丝玻璃				
GL-07	黑镜		1F通道1,厨房立面		
GL-08	喷砂玻璃				
GL-09	黑色玻璃		通道1		
GL-10	10+10夹胶钢化玻璃		楼梯护栏		
GL-11	黑色镜面亚克力		天花层健身房墙面		
GL-12	超白玻璃		1F会客厅	厚度:8mm	
06. 金属 Metal-(MT)					
MT-01	钨钢		天花		
MT-02	镀钢图案雕花		首层天花		
MT-03	银箔		首层天花		
MT-04	钛金钢				
MT-05	钛金雕花		餐厅立面造型		
07. 油漆 Paint-(PT)					
PT-01	硅钙板天花扫白色乳胶漆		天花		
PT-02	硅钙板天花扫白色外墙漆		天花		
PT-03	原天花扫白色乳胶漆		天花		
PT-04	原天花扫白色外墙漆		天花		
PT-06	硅钙板天花扫黄色漆		天花		
PT-07	象牙白汽车漆		百叶		
PT-08	喷外墙漆				
PT-09	白色乳胶漆		杂物间，机房墙面		
PT-10	艺术涂料		1F视听室墙面,4P柜造型		
08. 地毯 Carpet-(CP)					
CP-01	地毯				
09. 皮革 Carpet-(UP)					
UP-01	白色巴力布		厨房天花		

刘宅别墅
材料表一
00-03
A3
2014.05.30
0003

注意事项
会签项
工程项目名称
表格的份数
图纸编号
图幅
出图日期、顺序号

材料表

4. 设计说明

设计说明主要包括材料说明、工艺说明、施工图设计依据说明、图纸说明、典型图例说明等内容。

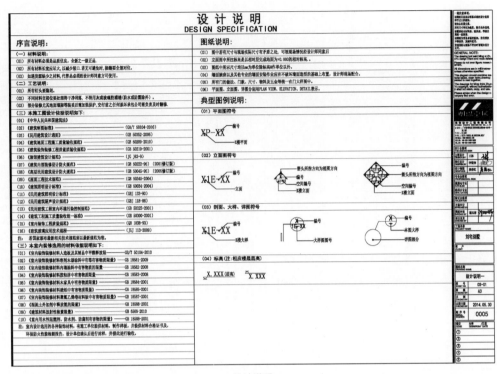

设计说明

5. 主要工艺技术及要求说明

主要工艺技术及要求说明主要包括定位放线、电路管线铺设、天花工程、木作工艺、油漆工艺等技术及要求说明。

主要工艺技术及要求说明

三、图框说明

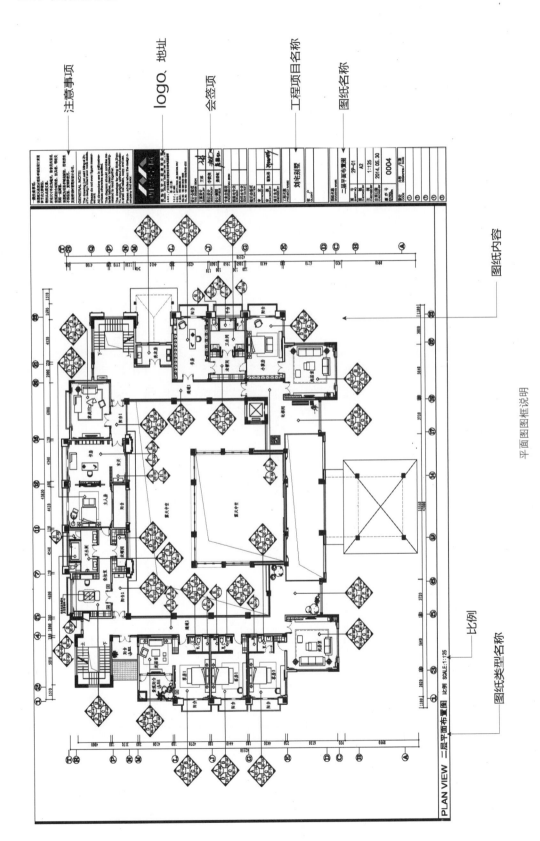

注意事项

logo. 地址

会签项

工程项目名称

图纸名称

图纸内容

平面图图框说明

比例

图纸类型名称

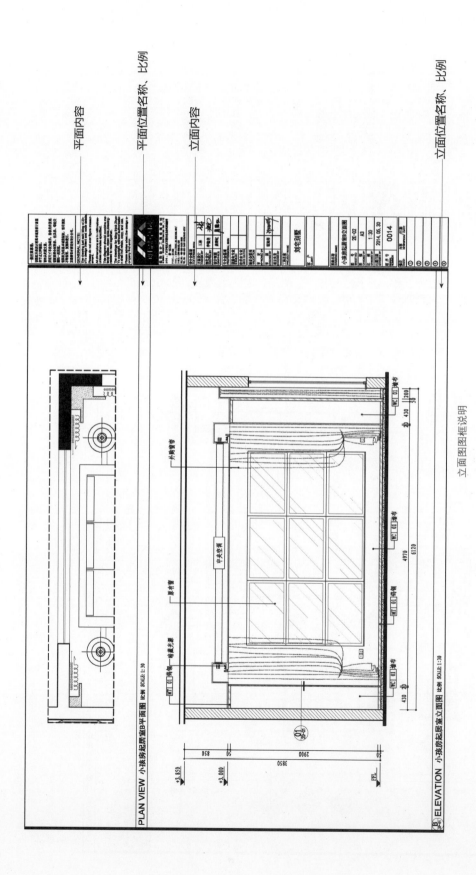

平面内容

平面位置名称、比例

立面内容

立面位置名称、比例

PLAN VIEW 小坡房起居室B平面图 比例 SCALE: 1:30

B ELEVATION 小坡房起居室立面图 比例 SCALE: 1:30
3.0-9

立面图图框说明

102

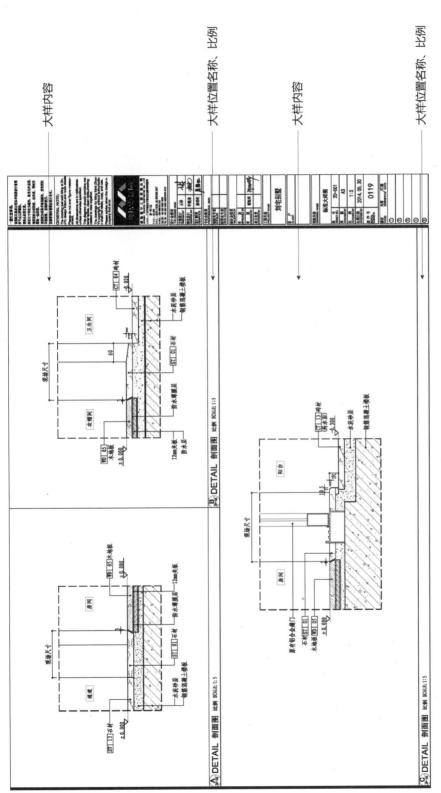

大样图图框说明

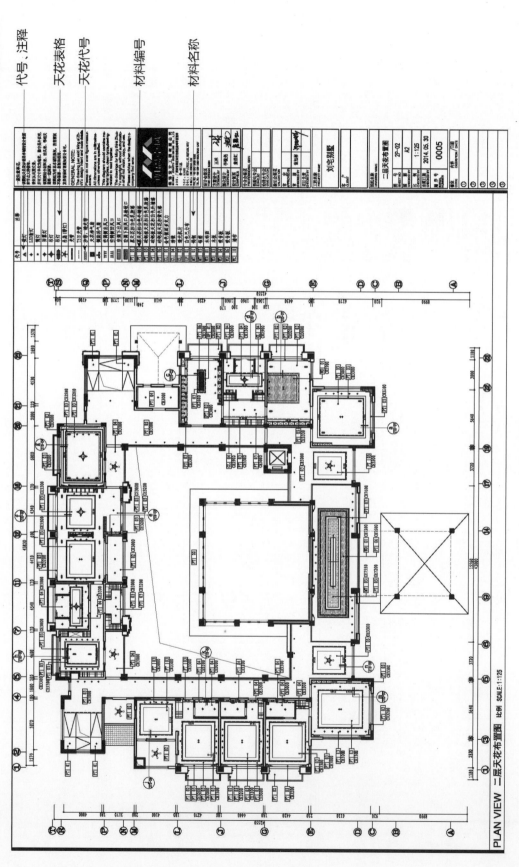

代号、注释
天花表格
天花代号
材料编号
材料名称

天花布置图表格说明

PLAN VIEW 二层天花布置图 比例 SCALE:1:125

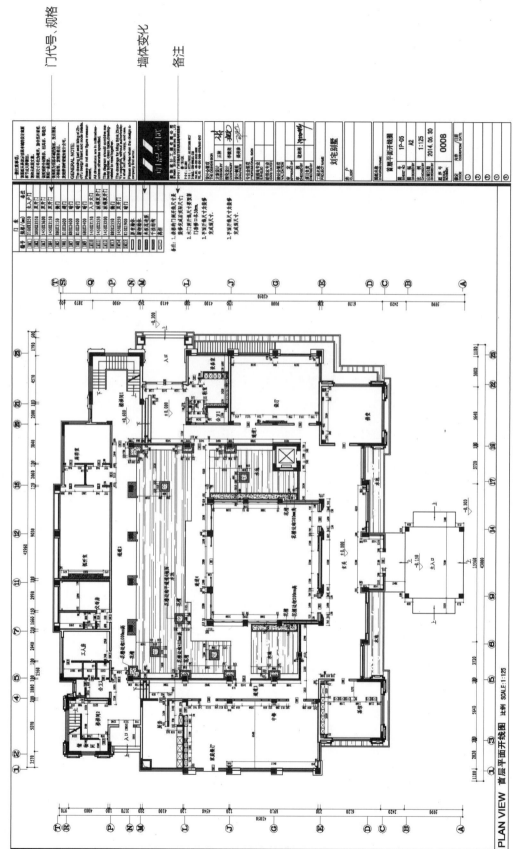

墙体开线图表格说明

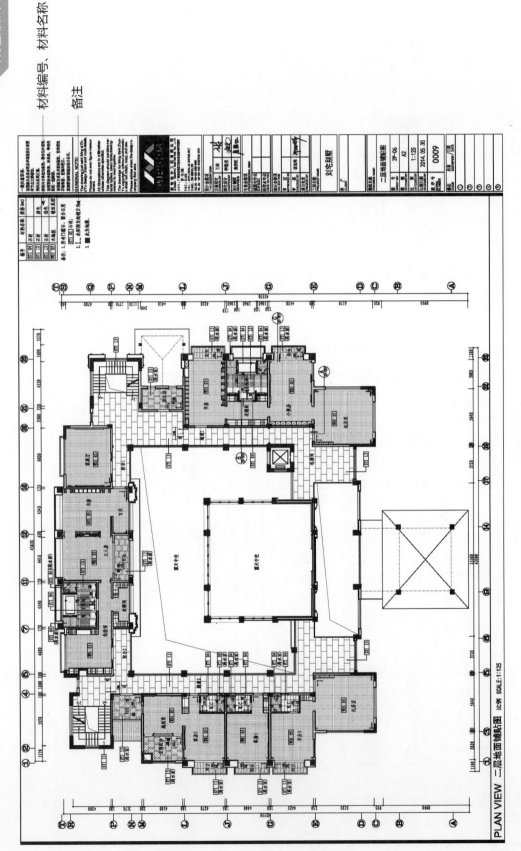

材料编号、材料名称

备注

PLAN VIEW 二层地面铺贴图 比例 SCALE:1:125

地面铺贴图表格说明

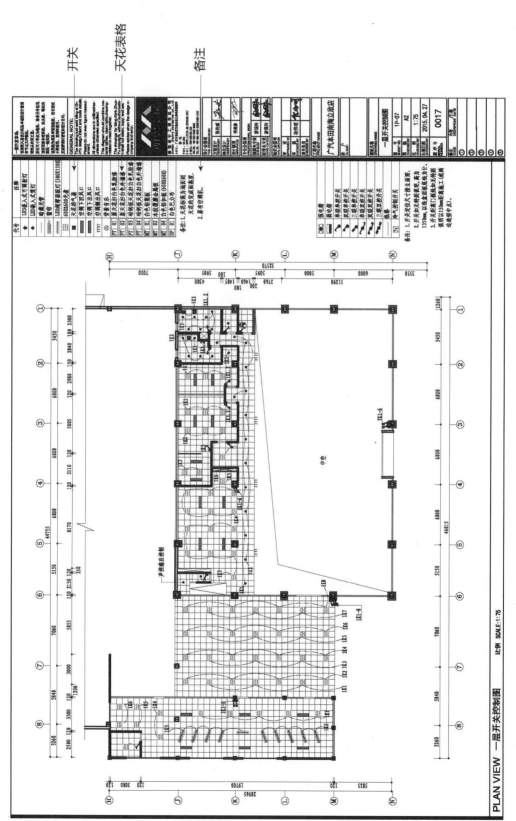

开关控制图表格说明

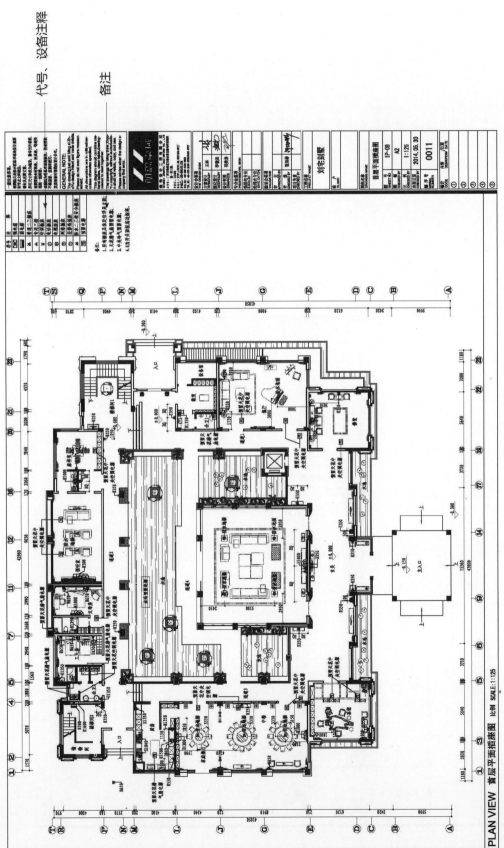

代号、设备注释

备注

插座布置图表格说明

PLAN VIEW 首层平面插座图 比例 SCALE:1:125

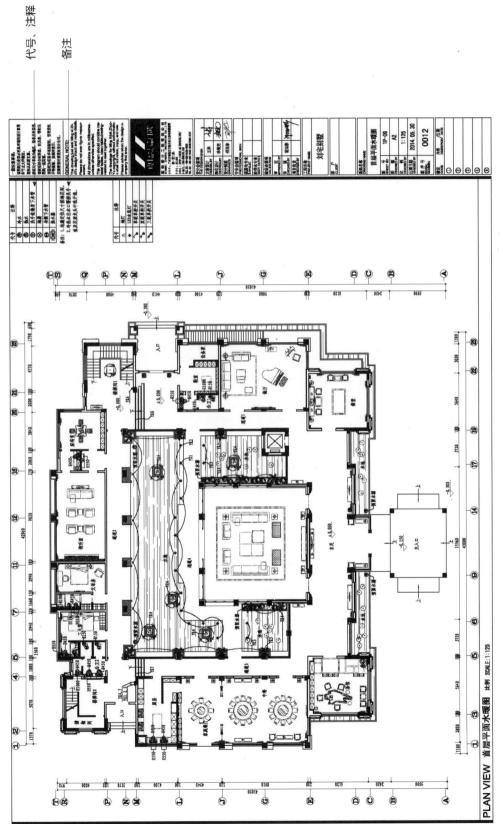

平面水暖图表格说明

PLAN VIEW 首层平面水暖图 比例 SCALE:1:125

四、图纸说明

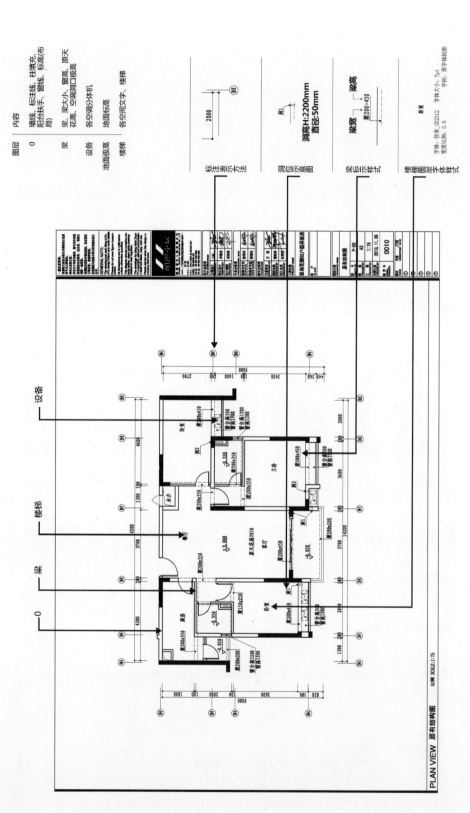

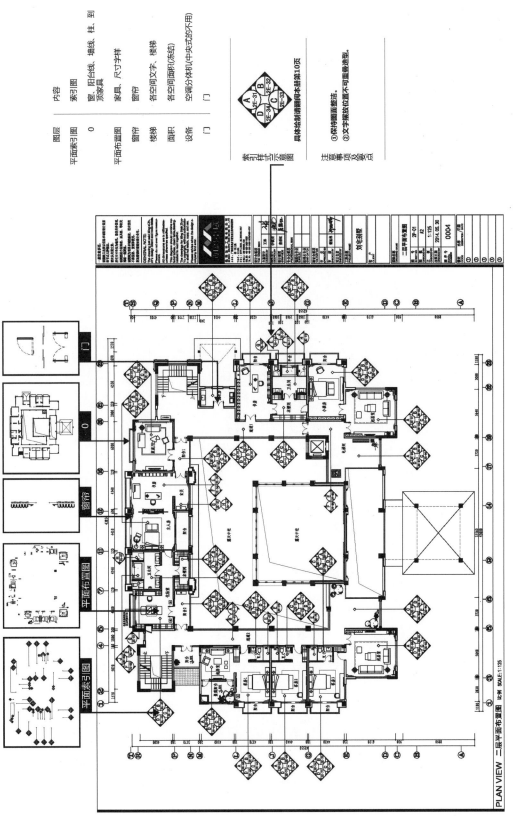

平面布置图说明

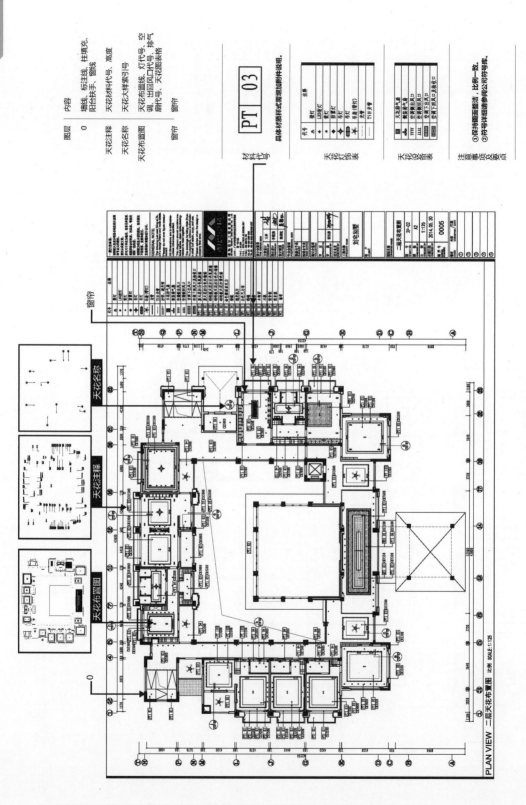

天花布置图说明

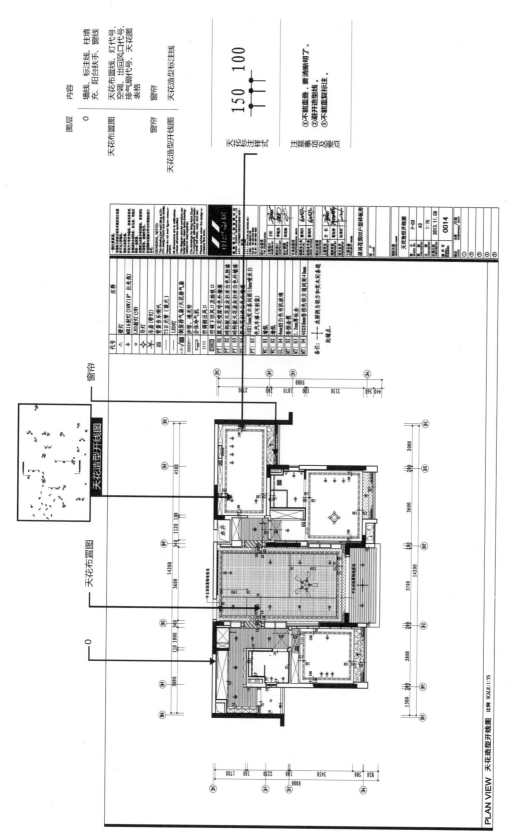

PLAN VIEW 天花造型开线图 比例 SCALE:1:75

天花造型开线图说明

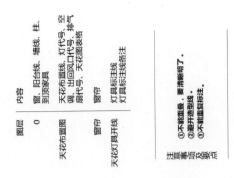

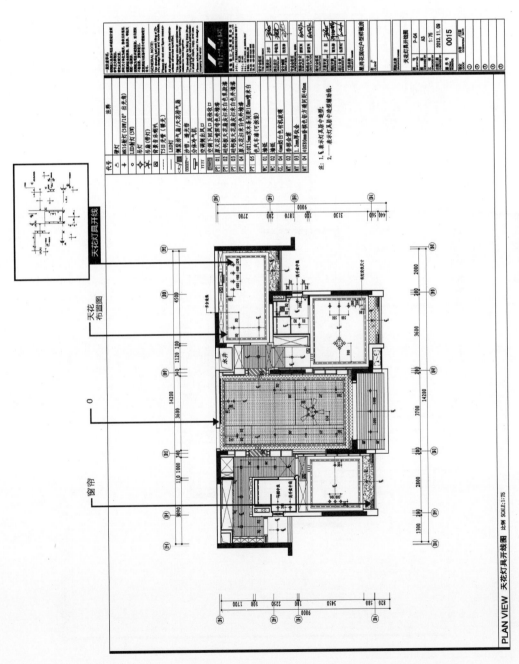

PLAN VIEW 天花灯具开线图 比例 SCALE:1:75

天花灯具开线图说明

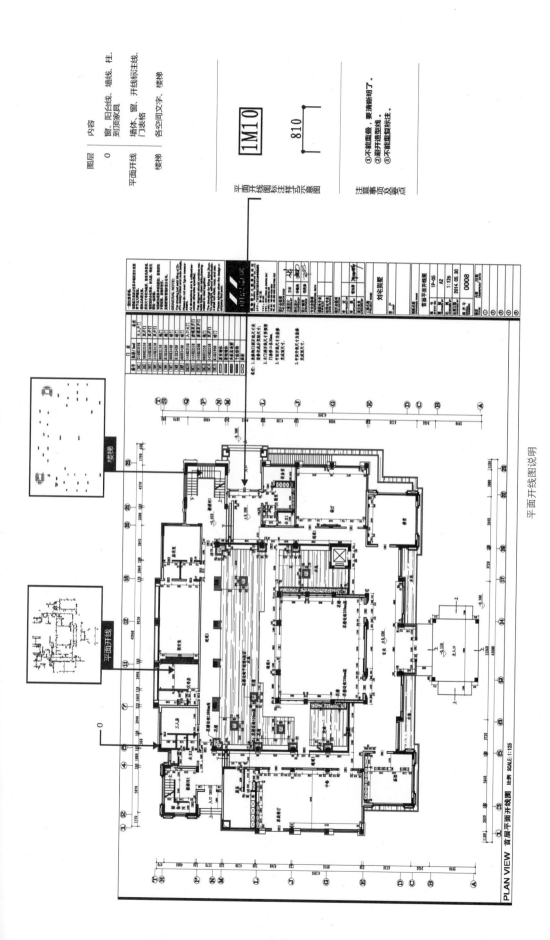

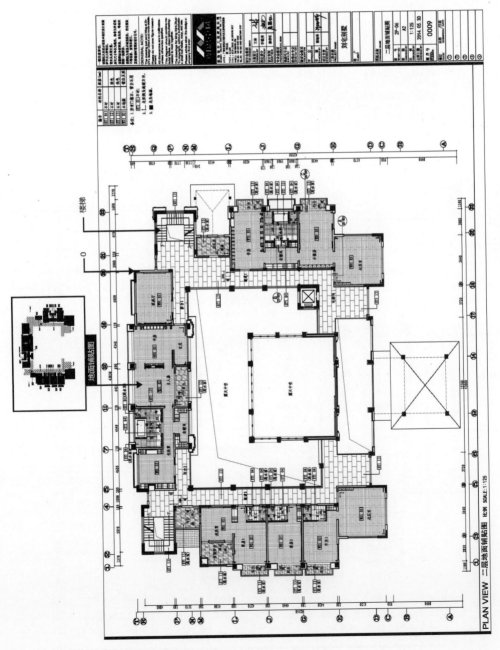

图层	内容
0	墙线、标注线、柱填充、阳台扶手、图线
天花布置图	天花置线、灯代号、空调、出回风口代号、排气扇代号、天花图表格
图符	图符
开关控制图	开关控制表格、备注、开关代号、引线标注

注意圆标及表格的使用，可参考本册第24页。

①不能连墙，要清晰明了。
②避开造型线。
③不能重叠标注。

注意事项及要点

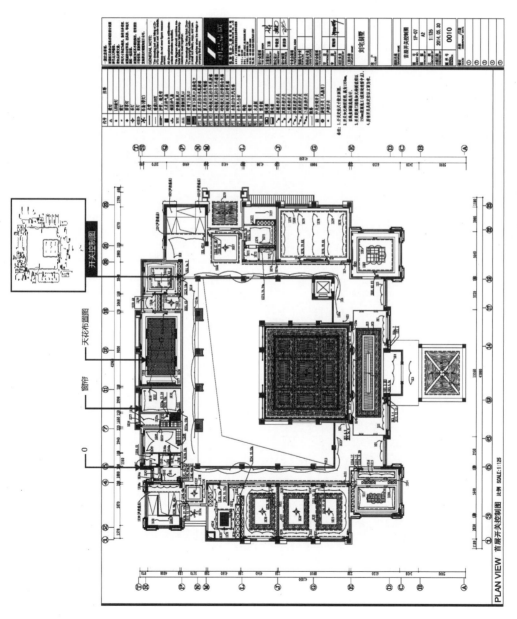

天花布置图

图符

0

开关控制图

开关控制图说明

PLAN VIEW 首层开关控制图 比例 SCALE 1:125

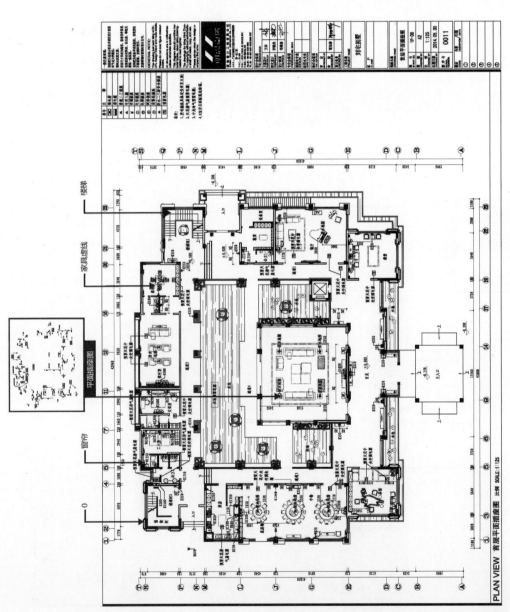

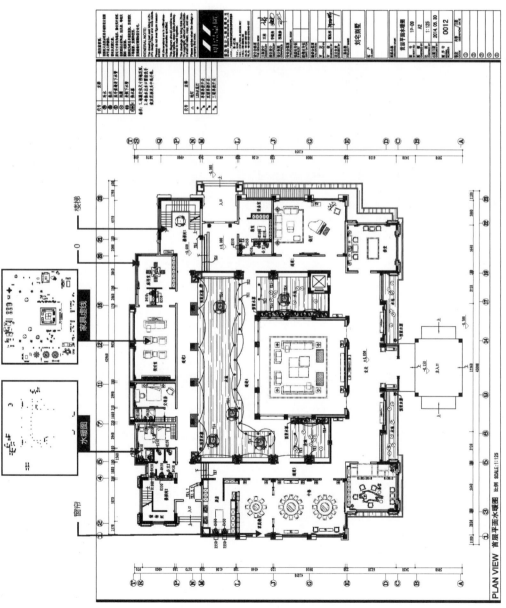

平面水暖图说明

水电图提供资料及要求

1. 绘图时分层不要改线色，线随层色.
2. 天花造型线型与灯具各自独立图层.
3. 强电、弱电插座各自独立图层（图例已分好，可直接使用.）
4. 新项目要提供户型建筑排水排污管平面图及给水接入点.
5. 要空调设计时需提供空调的模式：中央空调（风冷、水冷）风管机、挂式空调、立式空调等。如甲方有品牌要求时提供何种品牌。
6. 做给排水时请示明热水是否需循环系统，热水器使用何种模式，如：电热水器（即热、储热），煤气热水器，太阳能热水器，热泵热水器，空气能热水器等.

注：电子板内图为1:100用图例，使用时根据比例调整大小.

标 注	说 明
WH	电度表
■	底盒离地1.5m暗装配线
⊠	强电暗盒底盒，含电话、电视、网络等模块
⊠(TP)	底盒离地1.5m暗装
⊠	弱电过线底盒暗槽，用于暗盒集中有电线槽
⊡ TP	电话，底盒离地 1.5m暗装
⊡ TP	电话插座
⊡	喑装电话插座
⊡	音箱插座
⊗	天花喇叭
⊡ TV	电视插座
⊡ TO	网络插座
⊼	喑装空调插座
⊤	喑装二三孔大全暗座
	地喑二三孔大全暗座
	喑装双联翘板开关
	喑装翘板开关
	喑装翘板开关

■ 所有设备暗盒由甲方确定，电度尺寸由具体选定产品具体确定.

注：电子板内图为1:100用图例，使用时根据比例调整大小

水电图图例

五、图层样式与快捷命令

图层	线色、线型、虚实用法
0	墙线（白），标注线（线13、字黄），柱填充（白），阳台（双线黄），飘窗（三线、青），窗（四线、青），标高（布局、黄）
梁	梁线（灰8、DASH\虚线），字体（灰8），标注线（13），原有门（13+8）
设备	室内外空调（灰8、DASH、虚线）
楼梯	各空间文字（黄），楼梯线（黄）
窗帘	窗帘（13加8）
面积	字体（黄），（冻结）
门	门（13加灰8）
天花注释	引线（13），文字（黄）
天花名称	引线（青），布局
家具虚线	家具线（DOT2\13）
PT-01 平面布置图	引线（13加灰8），尺寸文字（13）
PT-02 天花布置图	造型主线（红），次线（灰8），灯线（DASH），排气扇（黄）
PT-03 天花造型开线图	标注线（13），文字（黄）
PT-04 天花灯具开线图	标注线（13），文字（黄），辅助线（CENTER、灰8），中心线代号（蓝色）
PT-05 平面开线图	标注线（13），文字（黄），门代号（黄），填充线（灰8、13）
PT-06 地面铺贴图	地面分缝（灰8），起铺方向（洋红）
PT-07 开关控制图	灯具引线（CENTER2、洋红），开关引线（绿），开关引号（黄）
PT-08 平面插座图	标注线（线13、字黄），插座代号（洋红），插座代号字体（青）
PT-09 平面水暖图	标注线（线13、字黄），水暖代号（青），引线标高（青）

图层样式

常用命令

Q 平移 （pan）QQ 标注半径（dimradiu）QQQ 角度标注
W 镜像（mirror） WW 直线标注（dimlinear）WWW 闪电标注
W1 建立一个视口 （vports-1）W2 建立物体视口
WB 将图块成文件 （wblock）WT 剪切视口
E 删除（erase） EEE 对齐标注（dimaligned）ED 文字编辑
EW 前置 （draworder）
R 旋转（rotate） RR 隐藏外部引用 （xclip） RRR 四边形
RE 云线 （revcloud）RT 图块添加物体（refset）RF 编辑块或外部参照
T 剪切（trim）TT 延伸 （extend）
Z 图形缩放 （zoom） ZZ 甜甜圈（donut）
X 炸开（explode） XX 多义线编辑 pedit） XXX 多义线
X2 打开外部引用文件（xopen）
C 复制（copy） CC 圆（circle）
V 移动（move） VV 实体填充（solid） VVV 视图（物体）
VVB 视图（新建） （UCS-n）
B 插入图块 （insert） BB 建立图块（block） BBB 外部管理器
BR 打断 （break）
A 弧 （arc）AA 查找文字 （find）AAA 查询
AR 阵列 （array）
SS 物体缩放 （scale） SSS 样条曲线（spline） ST 拉伸
D 线（line）DD 距离 （dist）DDD 标准设置
DF 放射线 （xline） DE 写文字
F 偏移（offset） FF 改变物体属性 （matchprop）FFF 等分
FG 成组 （group）
G 圆角 （fillet） GG 直角 （chamfer） GGG 椭圆
H 填充 （bhatch）
Y 打印（plot）

新增命令

ZO 实体 Z 轴归零 ZH 破折号
CF 复制到当前层 CG 圆变多边形 CB 在图块里复制物体
CV 阵列复制 S 多重元素拉伸
TVV 文字屏蔽 TR 文字对齐 TC 数字递增复制
FG 双向偏移 FS 标注偏移 FD offset 当前层
DB 长度型标注断开 DG 长度型标注合并
DT 剪齐 dm 边界线 DV 将尺寸数字固定
HH 超级填充样式 HD 合并直线
WR CAD 文字写入文件 WE 区域覆盖
Q1 颜色随层 2 物件颜色归图层 J 将线变成多义线
EE 直线连续标注 ER 特定边墙剪切（拉立面可用）
TY 字体旋转
BV 快速建块 SC 不等比例缩放 BF 多物体偏移
XS 炸开多义线变为直线

辅助命令

'/'/'' 图纸空间（pspace）/ 填充为线（boundary）/ 标注更新（dimstyle）
1/11/111 打开图层/关闭图层/退出 CAD（quit）
2/2 2/2 2 2 将物件层设为本层/改变至当前图层/打开文件（open）
3/3 3/3 3 3 图层冻结/图层锁定/解锁图层
4/4 4/4 4 4 图层隔离/图层合并/删除图层
5/5 5/5 5 5 超级炸开/转换文字为多行文字（txt2mtxt）/标注对齐（dimedit）
1 3/1 4 关闭文件（close）/清理垃圾（purge）
2 3/2 4 扩展剪切（clipit）/徒手画（sketch）
3 1/3 2/3 4 全部图层解冻/全部图层锁定/全部图层打开、解冻、解锁
4 1/4 2/4 3 点样式（ddptype）/线型设置（linetype）/文字样式（style）
FV/VF/ATT 锁定图纸空间（vports-on）/解锁图纸空间（vports-off）/属性文字（attdef）

参数设置

1/MB/MT 旋转视口角度/鼠标滚键平移（mbuttonpan）/文字镜像设置（mirrtext）
UC/FI/PE 视口设置（ucsfollow）/打开文件设定（filedia）/椭圆的 PL 设置（pellpse）
PI/HI/ZF 成组开关（pickstyle）/选择显虚（highlight）/鼠标滚轮缩放（ZOOMFACTOR）
VT 鼠标滚轮缩放动画（VTOPTIONS）
PU 清理图层
BB 组块
AP 加载
FILEDZA （另存为不跳出对话框，0 改 1）
CHSPACE 将布局与模型里的标注转换

快捷命令

六、图纸修改

图纸修改通知范例

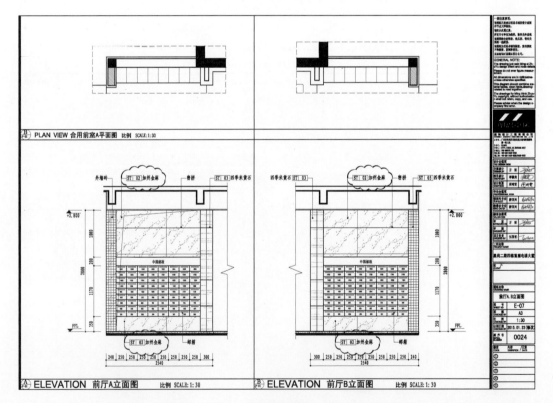

图纸修改格式

环节二　施工制图

一、案例分析

施工制图：民发银行总部施工图（详见配套资源）。

二、施工制图

根据前期成果完成施工制图任务，主要包括完善平面图系统、立面图系统、大样图系统，并编制施工制图目录系统。

①完善平面图系统。平面图系统包括原始结构图、平面布置图、拆墙砌墙图、天花布置图、天花放线图、灯具布置图、灯具放线图、地面铺贴图、插座布置图、开关系统图、水电系统图等。

②完善立面图系统。按规范绘制各空间主题立面。

③完善大样图系统。大样图系统包括天花大样、立面大样、门系统大样等。

④编制施工制图目录系统。含封面、图纸目录、材料目录、施工说明等。

小结

1.室内空间设计施工制图标准与规范。
2.室内空间设计施工图的绘制。

思考与训练 1-9

绘制办公空间设计项目施工图。

任务十　办公空间设计汇报

任务表 1-10

项目一	任务一办公空间设计项目启动	任务二办公空间设计调查	任务三办公空间概念设计	任务四办公空间平面布置	任务五办公空间系统设计	任务六办公空间界面设计	任务七办公空间室内陈设设计	任务八办公空间设计方案表现	任务九办公空间施工制图	任务十办公空间设计汇报
任务说明	知识、技能、成果的梳理和汇集；办公空间设计项目的方案文本制作；总结、汇报、交流，为接下来的课程学习奠定基础									
知识目标	1. 了解设计方案文本的内容、方法与要求 2. 掌握图片拍摄、扫描与打印知识 3. 掌握 Photoshop、PowerPoint 等软件的基本知识 4. 了解方案汇报内容、要求、程序与表达技巧									
能力目标	1. 熟练进行图文整理、拍摄与处理 2. 熟练运用 Photoshop、PowerPoint 等软件制作方案文本 3. 能利用图文语言以口头阐述的形式完成方案的演示与汇报									
工作内容	1. 图文整理、拍摄与处理 2. 设计方案文本制作 3. 设计方案文本印刷与装订 4. 方案提交与汇报答辩									
工作流程	知识准备→图文整理、拍摄与处理→设计方案文本制作→设计方案文本印刷与装订→方案提交与汇报答辩									
评价标准	1. 设计方案文本制作 70% 2. 方案提交与汇报答辩 30%									

环节一　知识探究

一、设计提交

按照办公空间设计项目任务书的要求，设计师应当根据时间点要求，按时提交如下方案成果。

1. 设计意向成果：初步设计方案文本一套

初步设计方案的内容包括设计概念（包括空间意蕴、造型元素、材质肌理、色彩搭配等）、各功能空间平面规划、各功能空间设计意向。

设计意向在室内空间设计项目的初步设计阶段提出，设计师只有在该阶段与项目委托方达成共识后才能进入方案设计阶段。

案例参考：花果园办公空间设计方案（部分，详见配套资源）。

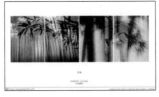

文化概念①

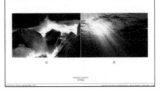

文化概念②

设计概念

空间意向

材料意向

家具意向

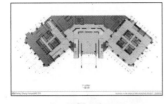

平面方案

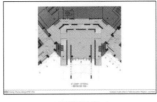

局部平面

模型方案①

模型方案②

空间形态

空间界面

2.方案设计成果：设计方案文本一套

设计方案的内容包括封面、目录、设计概念、平面布置图、空间效果图、软装设计。

制作设计方案是在确定设计概念后要开展的工作，大致分为方案设计、方案深化、软装设计3部分。

案例参考：三峡大厦北楼设计竞赛方案（详见配套资源）。

在本课程中，学生需将设计意向与方案设计两部分成果进行整合，以提交最终的方案文本。　125

3.施工图设计成果：施工图一套

施工图的内容包括封面、目录、设计说明、材料表、平面图系统（含平面布置图、地面铺贴图、天花布置图、灯具放线图、插座布置图、开关控制图）、立面图系统、剖面图系统、大样图系统等施工图部分，还包括水电、消防、空调等施工图部分。

因水电、消防、空调等施工图部分的成果要求过于复杂和细致，在本课程中，学生可不提交此部分设计成果。

4.光盘刻录

在本课程中，学生需要刻录包含以上内容的光盘1张，方案文本及施工图均采用A3尺寸，施工图保存为JPG格式。一级文件夹以"姓名（学号）"命名，二级文件夹以"1 方案册""2 施工图"命名。

二、案例参考

案例分析1：皮克斯工作室办公空间设计。

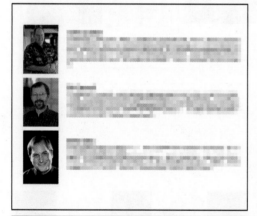

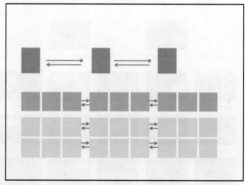

皮克斯工作室办公空间设计

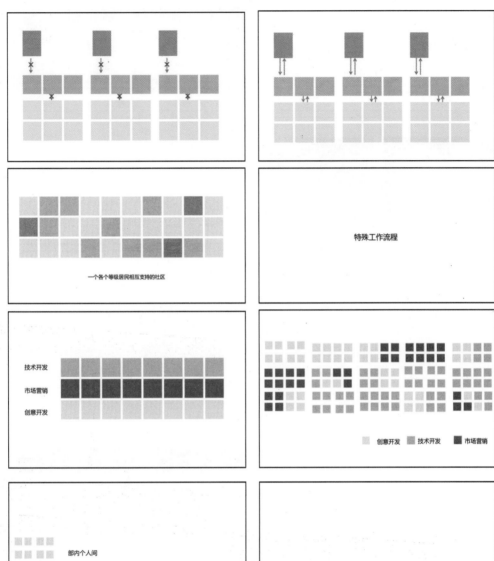

特殊工作流程

一个各个等级居民相互支持的社区

技术开发

市场营销

创意开发

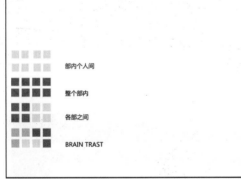

□ 创意开发　□ 技术开发　■ 市场营销

部内个人间

整个部内

各部之间

BRAIN TRAST

方案推敲

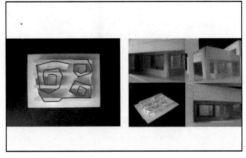

皮克斯工作室办公空间设计（续）

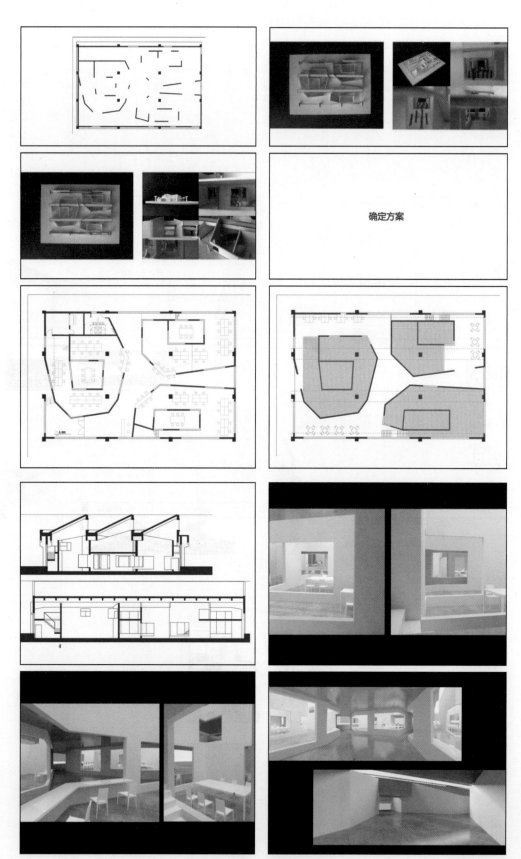

确定方案

皮克斯工作室办公空间设计（续）

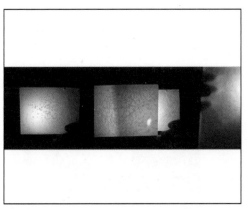

皮克斯工作室办公空间设计（续）

案例分析2：HOGRI工作室办公空间设计。

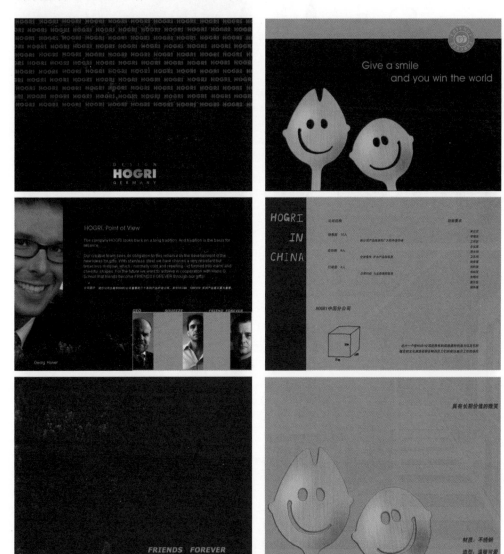

HOGRI工作室办公空间设计

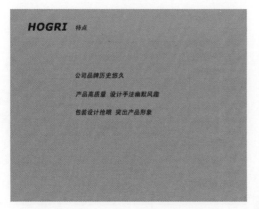

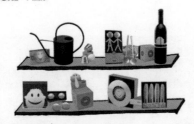

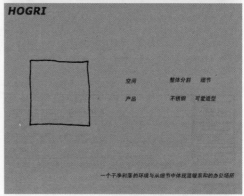

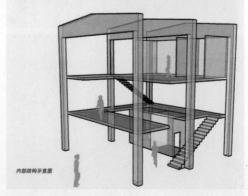

HOGRI 工作室办公空间设计（续）

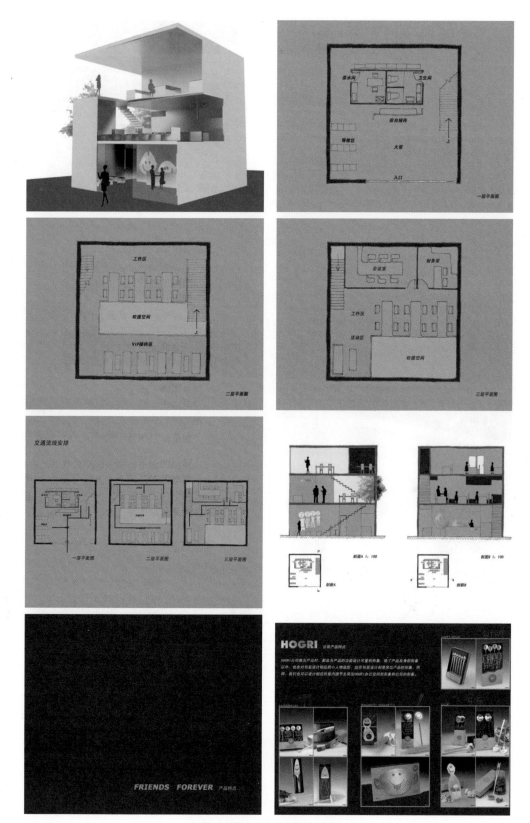

HOGRI 工作室办公空间设计（续）

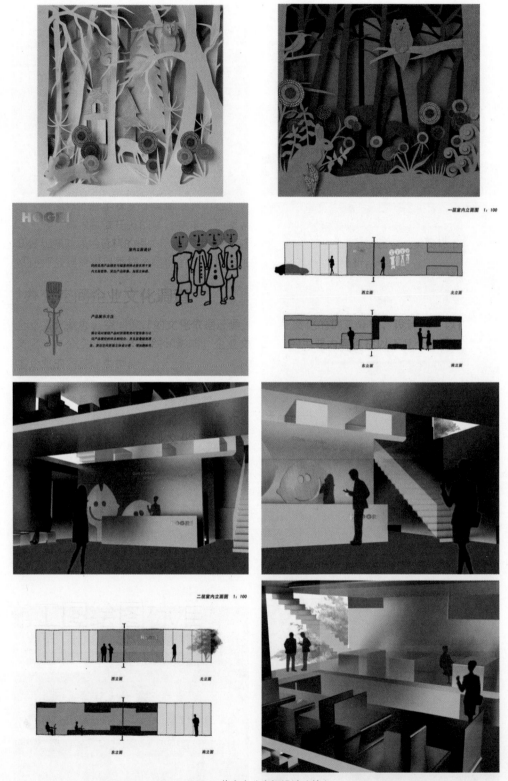

HOGRI 工作室办公空间设计（续）

环节二　汇报答辩

一、答辩准备

1.资料复制

组长负责将本组成员的PPT打包，并在课前10分钟内将其复制到讲台的电脑中。

2.顺序安排

组长抽签决定小组汇报答辩的先后顺序。各小组根据信息表名单依次答辩。

3.汇报时间

自我表述，5分钟；问答与评价，3分钟。

二、答辩考核

1.表述能力

思路清晰，语言流畅，表达到位。

2.应变能力

知识全面，反应敏锐，回答正确。

3.综合情况

①有礼貌，态度谦和、诚恳。

②PPT制作认真，效果良好。

③方案内容充实，形式规范。

小 结

1.图文整理、拍摄与处理。

2.设计方案文本制作。

3.设计方案文本印刷与装订。

4.方案提交与答辩。

思考与训练 1-10

1. 设计方案文本编排与装订打印

设计方案文本的内容应包括封面、个人简介、目录、设计概念、平面布置图、电脑效果图、手绘效果图、软装设计等，版面不小于A4尺寸，排版形式自拟。

2. 项目成果电子版整理与光盘刻录

内容要求见本任务环节一，整体完成后刻录光盘1张，其中施工图成果文件采用DWG格式。

02

项目二　酒店空间设计

任务一 酒店空间设计项目启动

任务表 2-1

项目二	任务一 酒店空 间设计 项目 启动	任务二 酒店空 间设计 调查	任务三 酒店空 间概念 设计	任务四 酒店空 间平面 布置	任务五 酒店空 间系统 设计	任务六 酒店空 间界面 设计	任务七 酒店空 间室内 陈设 设计	任务八 酒店空 间设计 方案 表现	任务九 酒店空 间施工 制图	任务十 酒店空 间设计 汇报
任务 说明	本任务介绍了酒店的概念、国内外酒店的发展历程,并介绍了酒店设计的内容与程序以及酒店设计的前期准备工作、酒店设计任务书的内容										
知识 目标	1. 了解酒店的发展历程 2. 了解酒店的发展趋势 3. 了解酒店的发展模式										
能力 目标	1. 明确酒店空间设计项目的目标 2. 明确项目任务书的要求、标准 3. 能根据项目任务书制订设计计划表										
工作 内容	1. 了解常识:学习酒店空间设计的发展历程、发展趋势、发展模式 2. 项目启动:接受酒店空间设计项目任务,了解项目相关信息 3. 确定团队:成立项目设计团队,以团队管理模式组织教学 4. 明确标准:明确酒店空间设计项目的目标、要求、环节、标准										
工作 流程	知识准备→成立团队→研究任务→制订计划										
评价 标准	1. 基础知识的理解能力 40% 2. 项目任务的解读能力 40% 3. 项目设计团队的表现情况 20%										

环节一 知识探究

一、酒店的概念

酒店包括宾馆、饭店、度假村、大厦、旅馆等。酒店是以时间为单位,通过客房、餐饮及综合服务设施向旅客提供食宿及相关服务,从而获得经济收益的专门性场所和空间设施。酒店是人类文明进步的产物,其发展水平是评估一个城市旅游业和社会经济发展水平与社会文明程度的标志。

酒店(Hotel)一词来源于法语,国外的一些权威书籍,对酒店的定义如下。

"酒店是在商业性的基础上,向公众提供住宿、膳食的建筑物。"——《大不列颠百科全书》

"酒店是装备好的公共住宿设施,它一般提供膳食、酒类与饮料以及其他服务。"——《美利坚百科全书》

上海璞丽酒店（设计：贾雅）

二、酒店的发展历程

1.国外酒店的发展历程

（1）国外酒店的初级阶段

国外酒店最早出现于古希腊、古罗马时期，商业活动的发展和宗教活动的盛行引起了人们对食宿设施的需求。早期英国的客栈大约出现在11世纪的伦敦，后来逐渐发展到欧洲各地。1425年兴建的天鹅客栈和黑天鹅客栈是英国古老客栈的代表。

（2）国外酒店的形成阶段

从欧洲工业革命时期开始，国外酒店进入形成阶段。1829年于美国波士顿落成的特里蒙特酒店被称为世界上第一座现代化酒店，是世界酒店历史上的里程碑。1931年落成的华尔道夫旅馆是豪华高层酒店的代表，此后许多年一直处在世界一流酒店的领先地位。20世纪40年代，美国希尔顿酒店和喜来登酒店开始推广连锁经营，形成了全国性的酒店连锁系统。此外，由于旅游业的发展，美国出现了低消费的汽车旅馆（Motel），它以简单的装饰设备、

美国早期的汽车旅馆

低廉的价格和经济实惠的服务为特色，得到了快速的发展。

（3）国外酒店的发展阶段

20世纪50年代以后，国外酒店业不仅产生了不同类别、性质的酒店，而且培育出了以酒店为核心的一系列服务产业，包括餐饮业、娱乐业、运动休闲业、旅游房地产顾问业等。这种产业化催生了北美洲、欧洲和亚洲一些颇具规模的酒店业集团，如"万豪""凯悦""香格里拉"等品牌都是在这个阶段陆续产生的。

目前，随着酒店业的蓬勃发展，国际上兴起了一些专业化的酒店空间设计公司。这些由建筑

师、室内设计师、艺术家及管理专家组成的设计班子，把酒店的功能与文化和环境恰当结合，为大型酒店、跨国酒店提供设计服务。酒店空间设计行业逐渐发展成熟。

2.我国酒店的发展历程

（1）我国酒店的初级阶段

我国是世界上最早出现酒店的国家之一。远在3000年以前，官办的"驿站"专供传递公文和来往官员住宿，可以说是最早的酒店雏形。唐朝、宋朝、元朝、明朝、清朝时期，酒店业得到了较大的发展，有"邸店""四方馆""大同驿""朝天馆""四夷馆"等。

（2）我国酒店的形成阶段

1840年鸦片战争之后，一些西方近代建筑的类型、技术、材料相继在我国出现，建筑规模由原来的2层、3层发展到20层左右，同时我国引进了西方先进的设备设施。北京饭店、上海汇中饭店、上海和平饭店分别为砖混结构、钢混结构和钢结构，在建筑形式上也兼容了西方的建筑风格。中国建筑师开始了探索将新功能、新技术、新材料与传统文化相结合的道路。

20世纪50年代兴建的北京友谊饭店、北京国际饭店等充分体现了中华民族传统建筑形式的格调。20世纪60年代至70年代，为满足春秋两季的中国进出口商品交易会（广交会），广州兴建了广州宾馆、白云宾馆、东方宾馆、双溪别墅等。这些建筑强调功能完善、形式简洁，在空间组织中融合了岭南园林的特点，这意味着我国在创造中国式酒店建筑的发展道路上迈出了新步伐。

（3）我国酒店的发展阶段

1978年以后，我国本土建筑从封闭自我发展的状态中走出，重新回到世界建筑发展的格局中，我国开始真正步入现代酒店的发展阶段。北京香山饭店、北京长城饭店和北京建国饭店就是在此背景下相继建成的。

北京香山饭店　　　　　　　　　　　　　　　　北京建国饭店

1988年，为了与国际惯例及国际规范接轨，我国开展了"涉外酒店星级划分与评定"工作，标志着我国酒店业逐渐走向成熟。如今，酒店业的发展又进入了一个新的发展活跃时期，促进了城市的高速发展和各类设施的完善，我国的酒店建设达到了又一个发展高峰。

广州文华东方酒店（设计：季裕棠）

广州文华东方酒店（设计：季裕棠）（续）

三、酒店的发展趋势

1.信息化、智能化引领发展

全球信息化、智能化将改变酒店业的传统经营模式，网络服务和网络安全将成为主要的竞争形式。信息时代的高科技对人们的生活方式、工作方式及思维方式产生了重大影响。

2.中小型酒店成为主流业态

"巨无霸"型的酒店将不再是主流的酒店形式。希尔顿酒店创始人康拉德·希尔顿曾预言："未来酒店的形态，不会是华尔道夫那样的酒店主宰酒店业，而是一些设计新颖、让人舒适的酒店。"

3.新概念酒店取代传统酒店

近年来，大型酒店集团陆续推出新概念客房，新概念酒店呼之欲出。新材料、新设备、新技术的不断采用，将更好地满足旅客的体验需求。酒店运作流程的智能化将打破以往的经营理念。自动预订、登记、入住系统的建立，将改变酒店目前的经营模式。

4.酒店更注重生态环保

随着人们对环保的日益重视，生态环保型酒店越来越受到人们的重视，也将成为酒店发展的趋势和主流。未来的酒店将更加注重人与自然的和谐统一。

四、酒店的发展模式

1.主题酒店

在21世纪，酒店的竞争趋向于文化的竞争。制度、文化和人性化的全面结合是未来酒店发展的一种趋势。主题酒店从建设开始就注重主题文化的塑造，突出酒店文化品位，以个性化的服务代替刻板的规范化服务，从而体现对旅客的信任与尊重。

2.产权式酒店

产权式酒店是指开发商将酒店的每间客房分割成独立产权出售给投资者，投资者不在酒店居住而将客房委托给酒店管理公司统一经营来获得利润分红。这种模式也成为我国休闲度假酒店和旅游房地产发展的一种新趋势。

3.绿色酒店

当今世界已经进入绿色革命的环保时代，绿色酒店应运而生。绿色酒店提倡绿色经营与绿色管理。绿色经营主要包括两个方面：一是减少一次性物品的消耗，加强回收与再利用；二是降低能耗，节约经费开支。绿色管理主要包括绿色理念、绿色技术、绿色行为、绿色制度和绿色用品。

4.品牌连锁酒店

品牌连锁模式的竞争优势明显，它使得品牌连锁酒店能够形成具有自身特点的服务管理标准，建立网络化的预订系统，拥有强大的资金后盾。我国未来的酒店发展，品牌是优势，连锁是趋势。

5.异化酒店

异化酒店是一种极端的酒店模式，是专门为满足少数旅客需求而产生的。随着竞争的加剧，市场日益细化，出现了小而专、小而精的异化酒店。从长远来看，异化酒店将成为我国酒店未来打造品牌的一个新的突破口。

环节二 项目启动

一、设计准备

1.明确设计目标

酒店空间设计课程是公共空间设计工作坊开设的第二门专题课程。相对于其他功能的室内空间设计，酒店空间设计更加复杂。酒店空间属于一种功能相对多样，既包括住的功能，又可以满足饮食、娱乐、休闲等多种需求的空间。酒店空间设计是一个综合性比较强的课题。

酒店空间设计项目的目标有以下几个方面。

①确定酒店的服务对象，对消费人群进行分析，包括年龄、生活习惯、可能对什么样的休闲活动感兴趣，以及需求和消费水平等。经过市场调研找出酒店空间设计的全新概念主题，并围绕这个概念主题进行创作。

②不同的酒店业态、地区和投资者会有不同的侧重点，每个品牌酒店都有自己独特的企业文化，因此酒店空间要通过空间中的材料、色彩、陈设等折射出一定的文化内涵和独特之处。

③酒店的性质决定了其内部空间的规划要符合接待、服务的要求，因此酒店空间划分应以客人办理手续、入住、就餐、娱乐等流线为中心，将各个部门有机地贯穿起来，服务流线尽量避让客人流线，从而提升酒店的品质。

设计师通过对酒店空间专题的研究，能实现酒店空间设计外延的扩展，介入酒店的主要功能区域（如大堂、客厅、餐厅、走廊等）的设计，实现对多功能区域的合理划分，解决内部空间形式美感的问题，并对小空间、家居的细节方面的特殊要求进行设计。

2.制订设计计划表

酒店空间设计按照室内设计岗位的工作流程开展教学，设置了"项目启动→设计调查→概念设计→平面布置→系统设计→界面设计→室内陈设设计→方案表现→施工制图→设计汇报"等10项工作任务。

3.设计资料和文件管理

在进行酒店空间设计之前，设计师要对设计项目的基本原始资料进行整理，包括建筑施工图纸、建筑项目方案、项目任务书、甲方项目设计参考等，建立规范的项目管理文件（详见配套资源），为后期设计任务的开展提供便利。

二、编制项目任务书

项目任务书是项目委托方提交给设计单位的技术文件，是设计单位进行项目设计的重要依据，也是项目委托方评判设计方案的重要依据。项目任务书通常包括项目名称、建设地点、项目概况、项目要求、质量要求、时间进度等内容。

酒店空间设计项目任务书示例如下（详见配套资源）。

艺术主题酒店室内设计项目任务书

项目名称： 艺术主题酒店室内设计。

建设地点： 广州市番禺区沙湾镇紫泥堂创意园区内。

1.室内设计依据

（1）中华人民共和国国家标准《建筑装饰装修工程设计规范》。

（2）提供的建筑、结构、设备等相关条件图纸。

（3）本项目任务书。

2.功能要求

需满足艺术主题酒店提供餐饮、娱乐、住宿和进行展示等基本功能，同时应注重艺术主题酒店的主题空间特征。

3.设计要求

（1）必须满足功能要求，在满足功能要求的基础上，可自行增设特殊区域。

（2）可自行选定或设定酒店的主题，并根据主题确定设计风格。

（3）需考虑外立面入口处的设计与室内空间整体风格的延续性和统一性。

4.工作范围

按照项目任务书的要求，需提供A3尺寸的方案册，内容如下。

（1）封面：含项目名称、表达主题的副标题（关键词或短语）。

（2）选题分析：选题背景与功能计划。

（3）设计主题：艺术主题酒店的整体形象定位。

（4）设计概念：含概念图片及概念草图、文字。

（5）设计过程：含设计过程中的草图、展示方案演变过程。草图数量在10张以上。

（6）图纸内容：平面图、地面图、天花图、立面图、剖面图。

（7）方案效果：整体空间鸟瞰图或轴测图（2张以上）、各功能空间效果图（6张以上）、特殊节点的细部做法透视图（如前台、家具、灯具等，5张以上）、设计分析图（流线分析、功能分区、材料色彩、照明系统、家具陈设等）。

5.执行标准

（1）每组成员2名。

（2）成果评价如下。

①设计构思与使用者特点紧密结合，占20%。

②设计方案合理，占30%。

③条理清晰，设计过程系统详细，占20%。

④图纸表现的视觉性强，占30%。

课程总成绩评定：总分100，考勤占10%；前期参与占20%；后期完善占20%；成果评价占50%。

（3）设计周期为12周，共120个课时。

6.设计团队

设计师	联系电话	任务职责

三、案例分析

1.酒店空间设计成果内容

酒店空间设计成果通常包括方案设计、施工图设计两部分（详见配套资源）。

①方案设计按照设计程序分为设计提案、方案效果、软装设计3部分。

方案效果（广西江山半岛兹斯顿度假酒店）（部分）

②施工图设计包括平面图、立面图、大样图、水电图、表格系统等。

2.酒店空间设计学生作品

案例展示：光主题酒店室内设计（详见配套资源）。

光主题酒店室内设计

小结

1.了解常识。学习酒店空间设计的发展历程、发展趋势、发展模式。

2.项目启动。接受酒店空间设计项目任务，了解项目相关信息。

3.确定团队。成立项目设计团队，以团队管理模式组织教学。

4.明确标准。明确酒店空间设计项目的目标、要求、环节、标准。

思考与训练 2-1

1.项目小组划分：采用抽签形式随机组合，每2人成立一个项目小组，各小组选取组长一名，并给小组命名，如"蓝天组"。

2.项目认知：以项目小组形式搜集国内外著名酒店品牌的设计资料，并开展讨论，这需要学习者对酒店空间的功能、形式、类别等要素有一定的认知能力。

任务二　酒店空间设计调查

任务表 2-2

项目二	任务一酒店空间设计项目启动	任务二酒店空间设计调查	任务三酒店空间概念设计	任务四酒店空间平面布置	任务五酒店空间系统设计	任务六酒店空间界面设计	任务七酒店空间室内陈设设计	任务八酒店空间设计方案表现	任务九酒店空间施工制图	任务十酒店空间设计汇报
任务说明	了解酒店的类型、等级和风格类型，针对设计要求、环境条件、经济因素等进行设计调查，开展资料搜集和实地调研									
知识目标	1. 了解酒店的类型和等级 2. 了解酒店的风格类型 3. 了解特色主题酒店									
能力目标	1. 能够分析项目任务书的具体要求 2. 能够对地段环境和人文环境进行调查和分析 3. 能够对设计规范和参考资料进行搜集和整理 4. 能够进行实地调研，发现并提出问题									
工作内容	1. 利用书籍、网络、实地调研等，搜集、分析设计项目的相关资料 2. 编制酒店空间设计调查报告，文件格式为 PPT									
工作流程	知识准备→设计要求分析→地段环境条件调查→人文环境条件调查→资料搜集→实地调研									
评价标准	1. 地段环境条件分析　20% 2. 人文环境条件分析　20% 3. 资料搜集　20% 4. 实地调研　20% 5. 编制调查报告　20%									

环节一　知识探究

一、酒店的类型与等级

酒店有不同的划分方法，或按经营性质，或按规模大小，或按接待功能，或按地理位置等。但无论采取哪种划分方法都不可能做到截然不同的严格划分，各种类型的酒店功能交错，相互兼有其他类型酒店的一些特征。

1. 酒店的类型

（1）按酒店的经营性质划分

按酒店的经营性质划分，酒店可分为商务型酒店、经济型酒店、会议会展型酒店、旅游度假型酒店、精品酒店和主题酒店等。

①商务型酒店。商务型酒店以接待参加商务活动的客人为主，并且会为商务活动提供服务。商务型酒店对地理位置的要求很高，一般靠近城市中心，交通便利、位置醒目。同时，商务型酒店对硬件设施也有较高的要求，特别是对为商务活动提供服务的设施和信息系统方面的要求较高。商务型酒店服务功能完善，客人住宿舒适、安全、方便，其客流量一般不受季节的影响。

商务型酒店内有会议厅、宴会厅、中餐厅、西餐厅、商店、健身房、游泳池等空间，为商务旅客的工作和休闲带来了极大的便利。

②经济型酒店。经济型酒店是相对于传统的全服务酒店而存在的一种酒店业态，其往往是相对于豪华型酒店而言的。经济型酒店最大的特点是功能简单化、生活通俗化，强调简约、舒适。它摈弃了星级酒店的一些高档的设施，以客房为主。经济型酒店内没有豪华的大堂，没有较多的公共区域，也不提供美容、桑拿服务，没有娱乐设施，因此大大降低了酒店的运营成本。经济型酒店提供舒适、价廉的基本服务，往往具有便利的交通和较经济的价格。

天津瑞吉金融街酒店

七天连锁酒店

汉庭快捷酒店

③会议会展型酒店。会议会展型酒店主要是指能够独立举办或承接会议会展，以接待会议旅客和参展旅客为主的酒店。举办国际会议的酒店一般位于交通便捷的城市中心。除具有一般酒店的食宿娱乐功能外，会议会展型酒店还应妥善设置会议接待空间，有完善的会议会展服务设施，如会议室、同声传译设备、投影仪、资料打印设备、摄影设备等。

广交会威斯汀酒店

④旅游度假型酒店。旅游度假型酒店以接待旅游度假的客人为主，大多建在风光秀丽的旅游度假胜地。旅游度假型酒店应有完善的娱乐设备，为旅客提供住宿、餐饮、娱乐等多种服务。旅游度假型酒店的主要优势是可利用自然景观和生态环境向旅客传达不同地域的文化和特色。旅游度假型酒店在外部设计、内部装修上更注重对自然景观的利用，强调和大自然的和谐共融，达到人与自然亲密接触的目的。

长白山万达喜来登度假酒店

⑤精品酒店。20世纪90年代，酒店业的格局出现了大规模的分化，如喜达屋集团旗下的W酒店成功运营，巨大的市场回报拉动了精品酒店的蓬勃发展。精品酒店又称艺术酒店、时尚酒店等，通常具有时尚的概念、原创的主题、与众不同的设计理念、个性化的服务，是设计文化和酒店文化高度融合的城市文化现象的产物。精品酒店以其特有的艺术风格和审美，成为当今国际性大都市的一道特有的文化风景线。

广州W酒店

⑥主题酒店。主题酒店是以酒店所在地最具影响力的地域特征、文化特质为素材而设计、装饰、建造的酒店，其最大的特点是赋予酒店某种主题，让旅客获得欢乐、知识和刺激。主题酒店往往利用所在地域的自然、人文或社会元素作为设计的主要成分，表现出独特的文化内涵与魅力；同时，历史、文化、城市、自然等都可以成为酒店的主题。主题酒店是集文化性、独特性和体验性为一体的酒店。它以酒店文化为基础，以人文精神为核心，以特色经营为灵魂，以超越品位为表现形式，通过带给旅客独特的体验来获得高回报。

（2）按酒店的规模大小划分

酒店的规模一般以客房数或床位数区分。

①有2000间以上客房的酒店为特大型酒店。这类酒店主要为主题娱乐酒店，包含购物中心、美食广场、高尔夫球场等设施。例如美国夏威夷的希尔顿酒店拥有2545间客房、22家餐厅、5个游泳池，占地89030m²。

②有1001~2000间客房的酒店为大型酒店。这类酒店包括会议会展中心酒店、大型度假村酒店等。例如，美国费城的万豪酒店拥有1410间客房，有3000m²的会议会展大厅。

③有501~1000间客房的酒店为大中型酒店。这类酒店包括城市商务会议酒店、全套房式商旅酒店、枢纽型机场商务会议酒店、综合性商业文化中心酒店和较大的海滨度假酒店或滑雪度假酒店等。

④有200~500间客房的酒店为中型酒店。这类酒店包括城市豪华酒店、城市商务酒店、中等全套房式酒店、普通枢纽机场酒店、购物中心酒店、温泉疗养酒店等。

⑤有200间以下客房的酒店为中小型酒店和小型酒店。除了在规模上和投资上的差异外，中小型酒店和小型酒店几乎包括中型酒店的所有类型，同时还增加了一些新的类型。这类酒店包括度假精品酒店、城市精品酒店、设计酒店、高尔夫俱乐部酒店、历史文化酒店、B&B（Bed and Breakfast）酒店等。

客房规模达到50间以上的酒店即可参与星级标准的评定。

（3）其他划分方式

按酒店功能划分，酒店可分为旅游酒店、商务酒店、会议酒店、会员酒店、体育酒店、疗养酒店、中转酒店、汽车酒店等。

按酒店标准划分，酒店可分为经济酒店、舒适酒店、豪华酒店、超豪华酒店等。

按酒店经营划分，酒店可分为合资酒店、独资酒店等。

按酒店环境划分，酒店可分为市区酒店、机场酒店、车站酒店、路边酒店、乡村酒店、名胜区酒店、温泉酒店、海滨酒店、市中心酒店、游乐场酒店等。

2.酒店的等级

国际上通常按酒店的环境、规模、建筑、装饰、设施设备及管理、服务水平、质量等级等具体条件为依据划分酒店等级，星级制度是当前国际上流行的酒店等级划分方法。

我国涉外旅游酒店也以星级制度为依据进行等级划分。酒店等级划分为5个档次，即一星级、二星级、三星级、四星级、五星级，星级越高，表示酒店的档次越高。我国添加了预备星级的概念，取消了星级终身制，规定酒店星级标志使用的有效期限为5年。同时，我国还设立了白金五星级，代表国内酒店业的顶端水平。

酒店星级划分的具体评定办法按照中华人民共和国国家标准《旅游饭店星级的划分与评定》（GB/T 14308—2010）以及设施设备评定标准、设施设备的维修保养评定标准、清洁卫生评定标准、宾客意见评定标准等执行，并按以下要求进行考察：①酒店总体基本要求；②酒店接待大厅基本要求；③客房基本要求；④餐饮基本要求；⑤公共区域基本要求；⑥特色选择项目。

国际上，各国的酒店等级划分标准不尽相同，对酒店硬件和软件均有严格的要求，也有为表达酒店高端、领先世界的水平，设置六星级、七星级、八星级，如迪拜七星级伯茨酒店（也称帆船酒店）、亚特兰蒂斯酒店等。

二、酒店的风格类型

从视觉和精神层面上来讲，酒店的整体风格定位对酒店空间设计十分重要。随着经济的发展，我国酒店业发展迅速，室内空间形态日益多变，而新兴材料和设施设备的不断更新，使得酒店空间设计日新月异。但不论酒店是大还是小、等级是高还是低，统一协调的文化风格、和谐优雅的整体氛围，都应是酒店空间设计至关重要的评价因素。

酒店空间设计风格的形成与酒店所在区域的自然环境、人文环境、客观条件和人为因素密切相关。酒店空间设计风格的形成原则有4个：一是准确定位目标客户，二是深挖、拓展文化内涵，三是尊重当地民俗风情，四是构造回归自然的生态空间。当前，酒店空间设计风格主要包括古典欧式风格、传统中式风格、现代主义风格、后现代主义风格、新装饰主义风格等。

1.古典欧式风格

古典欧式风格经历了几个时期的发展，表现出多种样式与风格特征。在现代酒店空间设计中，打造古典欧式风格的一般做法是运用文艺复兴式和巴洛克式的古典装饰设计元素结合现代的设计材料和先进的技术手法，创造优雅而别致的室内环境。古典欧式风格主要分为文艺复兴式、巴洛克式和洛可可式3种风格。

文艺复兴式风格是指以古希腊、古罗马风格为基础，融合东方和哥特式的装饰形式。这一时期出现的三大柱式一直影响之后的欧洲古典主义设计。在建筑内部，文艺复兴式风格的空间表面雕饰细密，呈现出一种理性的华丽的效果；在家具、陈设和装饰纹样等方面表现出淳朴与和谐，影响了欧洲各国室内空间设计样式的发展。

巴洛克式风格是文艺复兴式风格的升级，它具有较多的装饰，呈现出华美厚重的效果，强调线性的流动变化和装饰的复杂精巧，以浪漫主义为基础，将室内雕刻工艺集中在装饰和陈设上。采用此风格的室内色彩华丽且多以暖色调加以协调，带有一定的夸张性装饰，以显示出室内场景和家具豪华、富丽的特点，充满强烈的动感效果。

洛可可式风格常采用不对称手法，多用弧线和曲线，以贝壳、花鸟和山石为主要纹样题材。相比于巴洛克式风格的厚重，洛可可式风格以轻快、纤细著称。采用此风格的室内空间色彩明快、装饰纤巧，家具造型和装饰精致复杂，墙面常采用粉红、嫩绿和玫瑰红等颜色，线脚多用金色，还采用了大量的中国式装饰设计元素，使得室内空间呈现出装饰繁复和华美的效果。

古典欧式风格在不同的历史时期和不同的国家有不同的特点，在酒店空间设计中通常被称为"某国风格"。例如，法国风格套间或餐厅，大多采用法国路易十五时期的洛可可式风格，使用奶白色的低护墙板和洛可可式风格的家具，壁炉用磨光的大理石砌成并摆上烛台，天花板上吊着晶体玻璃吊灯，墙上挂着油画，陈设物品常为瓷器和漆器，整个室内空间色彩轻淡柔和，装饰华丽复杂；意大利风格则以文艺复兴式风格和巴洛克式风格为代表，突出大理石装饰和室内雕刻，采用古典柱式，并用大理石镶嵌家具，墙面有雕刻、壁饰、挂画，整体效果粗犷厚重、庄严富贵；西班牙风格是指15~16世纪的一种独特装饰风格，室内家具、门窗装饰带有意大利城堡和教堂的特色，家具、灯饰配以金属装饰，墙面抹白灰，外漏木结构，吊灯及壁灯为古老的油灯，从而呈现出沉着奔放、浑朴细密等特点。

如皋金陵金鼎大酒店

2. 传统中式风格

传统中式风格分为具象与抽象两种形式。具象形态主要包括门（如垂花门、隔扇门、屏门等）、窗（如槛窗、支摘窗、推拉窗、漏窗等）、隔断（如板壁、隔扇等）、罩（如落地罩、天弯罩、垂花罩、栏杆罩等）、架（又称多宝格）、斗拱、天花（又称仰尘）、藻井（伞盖形顶棚）、宫灯、匾额、梁枋、彩画、瓦檐、家具、工艺品（如字画、雕刻、器皿等）等内容。抽象形态包括在中国的哲学思想、生活习俗、地域条件、审美情趣影响下的空间观念和空间表现形式等内容，如室内外空间交融的效果为利用门窗借景、组景等形式；分隔空间的效果多是利用隔扇、屏风、帷幔等组织空间来实现的，可分为全隔断、半隔断、透空隔断式的隔而不断等。

采用传统中式风格的室内空间色彩鲜明夺目，多用原色。木料部分有油漆保护，这促使丹青彩画成为中国建筑的一种重要装饰。彩画多画于梁枋上，梁枋的上半部分以青绿色调的油漆为主，梁枋的下半部分多采用红色油漆，间或采用黑色油漆。顶棚彩画多画于藻井和天花上。藻井以木块叠成，结构复杂、色彩艳丽，是顶棚中最为典雅的部分；天花多用蓝色或绿色做底。传统中式风格的室内空间布局以对称形式和均衡手法为主，间架的配置、图案的构成、家具的陈设均采用对称或均衡形式。传统中式风格的室内布局也有少数自由式布局，主要是受道家自然观的影响，追求诗情画意和清、奇、古、雅。

我国地大物博，受各地的地理环境、经济、气候、文化背景等的影响，建筑风格呈现出不同的地方性特征，大致可以分为京派、广派、海派3个体系。京派风格大多采用传统的古典设计形态，布局对称均衡、四平八稳、气势恢宏、雍容大方；广派风格又称岭南派风格，以广州为中心，布局自由灵活，注重内部的小花园设计，建筑轻快飘逸、明快开朗、造型多样；海派风格以上海为中心，建筑设计的总体规划舒张自如，重视环境，从实际出发，材料新颖，技术先进。

南昌洗药湖避暑山庄

3.现代主义风格

香港奕居酒店

随着时代的进步和世界经济一体化的形成，大量的酒店空间设计开始采用简洁的现代主义风格。现代主义风格提倡突破传统，创造革新，重视功能和空间组织，注重结构本身的形式美。现代主义风格的主要特征是造型简洁、时尚，具有强烈的时代特征，没有过多的复杂造型和装饰，不追求豪华、高档和个性化。在设计上，现代主义风格重视功能性，以理性法则强调功能因素，多采用直线进行装饰，尊重材料的特性，崇尚合理的构成工艺，在保持材料天然性的同时，注重材料自身的质地和色彩的配置效果。

4.后现代主义风格

"后现代主义"一词最早出现于罗伯特·文丘里于20世纪60年代所著的《建筑的复杂性与矛盾性》一书。后现代主义风格是对现代主义风格纯理性的逆反而出现的一种设计风格。后现代主义风格的设计理念完全抛弃了现代主义风格的严肃与简朴，往往具有一种历史隐喻性。后现代主义风格在装饰手法上采用混合、拼接、分离、简化、变形、解构、综合等方法，运用新材料、新的施工工艺和结构，从而形成一种新的形式语言和设计理念。

广州东站中泰水疗酒店　　　　　　　　　　　广州天河希尔顿酒店

5.新装饰主义风格

新装饰主义风格又称新艺术风格，它是利用自然元素，融汇东西方文化与现代艺术，经过现代科技和生活经验重新演绎，然后统一在一个空间里，在设计中运用新材料、新结构的同时，又渗透着艺术的风格。新装饰主义风格着眼于实用，在呈现精简线条的同时，又蕴含奢华感。从"轻装修重装饰"到"轻装修重空间"，新装饰主义风格代表了实际生活的内涵与艺术的发展方向，作为时代发展的设计要素，成了新的酒店空间设计风格。

四川格兰会酒店

三、特色主题酒店

酒店是用于服务各种不同的人群的。以前，酒店的消费人群往往被认定为能住就行的一种人；当代，酒店对消费人群进行了分类，且酒店空间更具特色。酒店接待的客人存在地位、性别、年龄、阶层和消费水平等方面的差异，他们的住宿应该有更多不同的细节。设计师发现了这种差别，并强调这种差别，于是形成了一些独特的新型酒店类别。

1. 胶囊酒店

胶囊酒店是一种密度极高的酒店，最初出现于日本，受到晚归者的青睐。胶囊酒店主要针对晚上加班、赶不上末班车的上班族，供他们休息补眠。日本京都9h旅馆可以说是胶囊酒店的典型代表。之所以取名"9h"，是因为它是"9小时"的缩写，意指过夜需要9个小时（1个小时洗漱、1个小时休息、7个小时睡眠），据说这是商务人士在外过一夜的平均时间。

京都9h胶囊酒店

9h旅馆共有9层，除了125间房间外，还包括接待室、储物柜、盥洗室、大堂吧等功能区域，客人视野所及之处都是纯净的白色。客人在办理登记之后会拿到储物柜和房间的钥匙，在把行李放入储物柜并换上睡衣后便可以进入自己的房间。9h旅馆的房间（其实说是"铺位"更合适）像蜂巢一样整齐排列，舱体式外壳以加固的塑料制成，容积为2.15m×1.08m×1.07m。房间内部安装了人性化的操作系统，能够调节温度、光线，设置闹钟及音乐；床垫按照舱体形状定制，具有高弹性、高透气性、易清洁等多种优点；枕头也大有学问，由4种不同的材料组成并分6块区域——一切为了提高睡眠质量。

9h旅馆提供了相当于四星级水准的设施及服务。酒店中常见的生活用品在这里一应俱全，这里的房间、洗浴房、大堂吧都做了明确的男女区分，充分考虑到了客人的安全及隐私。每一个精致的细节都可以体现9h旅馆浓缩精品酒店标准的心思。

2. 青年旅社

20世纪初，德国教师理查德·希尔曼常常带领学生通过步行、骑自行车在乡间漫游。他说："这才是真正的教育方式。"由此他萌发了为所有年轻人提供一个交流思想、了解大自然的场所的念头。而后在政府的支持下，青年旅社作为世界青年相互认识、接触自然的媒介诞生了。

以床位价格而论，青年旅社一般一个床位的收费大概相当于在当地吃一顿快餐的价格，大约为三星级酒店单间价格的1/10。国际上对青年旅社的设施设备有基本的要求，如旅社要位于市中心、中心商业区、旅游景区或者度假区，交通便利等。青年旅社室内设备简朴，一个房间以4~8个床位为主。房间采用上下两层的大高架床和硬床垫，有时需要自备睡袋、床单。每个床位配一个带锁的个人木柜、小桌椅等。青年旅社设有干净的公共浴室和洗手间，还有自助洗衣房、厨房、公共活动室等。

3. 老年人酒店

老年人是指年龄在60岁以上的特殊群体。一些老年人有着很高的可支配收入，他们往往喜欢去一些能够与人接触的地方。他们不仅为了看日出、沙滩或者大海，还希望见识和尝试一些他们以前没有时间去做的事情。这些老年人较以前更加活跃，身体非常健康，内心更加年轻。由于已经退休，他们可以在一周的工作日里外出旅游，而且会根据酒店客房的可使用率来安排他们的出游计划。

老年人酒店的室内空间设计必须考虑到老年人的生理需求，因为老年人往往听力不好，视力不好，对颜色的感知较弱、记忆力较差以及手脚活动不便等，所以公共区域要提供易读、设计清楚明了的提示标志。

老年人更喜欢在一些公共区域活动，在那里，他们可以聚在一起聊天或者开展一些社交活动。此外，他们的房间在一般情况下应该与那些喧哗的娱乐场所隔开。许多老年人更喜欢有两张床的房间，更喜欢住在靠近电梯的低楼层房间里。卫生间应方便轮椅通过，同时马桶座位要高一些，淋浴区要有一个可自由拉出的座位，应安装不会干扰睡眠的夜灯，以为老年人提供起夜照明和安全防护。

4. 满足猎奇心理的体验酒店

很多时候人们出行并不是出差、探亲、访友、旅行，而是想放松心情，看一场表演是一种放松，吃一顿美食是一种放松，在异地居住也可以是一种放松，而且有些经历是令人永生难忘的，如在一些极端环境（树上、窑洞里、冰屋中等）中住一晚。

法国有一家"仓鼠"主题酒店，它为客人提供体验仓鼠的生活的机会。整个房间虽然是一个仓鼠笼子的造型，但看起来很温馨，床铺有两种选择，在干草堆中睡觉，或者通过梯子爬上位于半空中的床上睡觉；客人以谷粒为食，餐厅里除了配有食盘外，还有真空饮水机；仓鼠是个很爱运动的小动物，设计者还给"仓鼠"们准备了一个大大的健身房，客人可以在大轮盘中不停地奔跑，以锻炼身体。

乐龄·乐园——老年人酒店空间设计

5. 文化主题型酒店

文化主题型酒店是以酒店所在地最有影响力的区域特征、文化特质为素材设计、建造和提供服务的酒店，具有鲜明的文化特色。文化主题型酒店体现出酒店由一般的生理舒适发展到利用主题表达心理舒适的高度，尽可能地让客人获得欢乐、知识、刺激，以满足客人的根本需求和给予客人精神上的享受。同时，文化主题型酒店通过将文化特质附加在酒店这一载体上，实行差异化竞争策略，避免同质化，在激烈的商业竞争中能出奇制胜。这种文化特质其实是和酒店的地理位置、所处城市的文化底蕴、附近的自然资源等要素相结合的。从这些要素中不难看出，这种文化特质其实是具有极强的地域性的，一旦这种文化特质附加在酒店这一载体上，那么其他酒店就极难模仿，酒店就形成了一定的竞争壁垒，同时也就获得了占领市场的先机。当在酒店中融入文学、音乐、戏剧、绘画、电影等元素时，酒店的地位就会有所提高。酒店可以借此表明住店客人不仅有经济实力，还有文化品位。

6.运用材料实现创意的酒店

在玻利维亚的一家酒店里，餐桌上永远都有盐——实际上整个餐桌都是盐。这是一家建立在盐滩上的奇怪的酒店，于1993年由一个制盐工匠建立。该酒店有15间卧室、1间餐厅、1间起居室和1间酒吧，酒店的屋顶是用盐块制成的甚至连地板都被盐颗粒覆盖；墙壁是由盐块和一种用盐和水制成的黏合剂砌成的。在雨季，店主会用新的盐块加固墙壁，而且会要求客人不要舔墙以防止墙壁损坏。

于2010年开业的意大利罗马的科罗娜拯救海滩酒店是完全由垃圾建成的酒店，建造酒店的垃圾都是从欧洲的海边收集来的。这个酒店由德国艺术家Schule设计，包含5个房间和1个接待前台。它用欧洲被污染的海滩上的12吨垃圾建造而成，目的是使人们意识到一次性用品的不环保，呼吁大家减少污染。

环节二　设计调查

设计调查的目的是通过对设计要求、环境条件、经济因素等内容进行系统全面的分析研究，并对同类型项目开展资料搜集和实地调研，为方案设计确立科学的依据。

一、酒店空间设计要求分析

设计要求主要是以项目任务书的形式呈现的，主要包括物质要求（功能要求）和精神要求（风格要求）两个方面。设计要求主要包括以下3个方面。

①了解工作的基本状况和具体设计内容。

②充分理解项目委托方的设计要求与期望，尽可能把握设计意向与设计想法。

③仔细核对原始资料的相关信息，找出不完善或不理解的地方，便于在场地实测环节进行更正。

设计师应当对项目委托方提供的项目任务书和图纸资料进行分析（详见配套资源）。

二、酒店空间环境条件调查

环境条件是酒店空间设计的客观依据。通过对环境条件的调查分析，设计师可以很好地把握酒店环境的质量及其对酒店空间设计的制约影响。环境条件主要包括地段环境、人文环境两个方面。

1.地段环境

地段环境主要包括以下6个方面。

①气候条件：四季冷热、干湿、雨晴和风雪情况。

②地形地貌：平地、丘陵等，有无树木、山川湖泊等。

③景观情况：自然景观资源及地段日照、朝向条件。

④周边建筑：地段内外的建筑状况，包括未来规划设计。

⑤市政设施：水、暖、电、气、污等管网的分布及供应情况。

⑥污染情况：相关的空气污染、噪声污染和不良景观的方位及状况。

2.人文环境

人文环境主要包括以下两个方面。

①城市性质和规模：主要考虑酒店所处城市属于政治、文化、金融、商业、旅游、交通、工业、科技城市中的哪一类，属于特大、大型、中型、小型城市中的哪一类等。

②地方风貌特色：主要包括文化风俗、历史名胜、地方建筑特色等。

案例展示1：无锡太湖铂尔曼酒店环境条件调查。

城市印象

民俗文化

风雅艺术

案例展示2：丽江瑞吉度假别墅环境条件调查。

丽江自然

丽江民俗

丽江人文

丽江建筑

丽江建筑细节

三、酒店空间经济因素分析

　　酒店空间经济因素分析是指项目委托方所能提供用于建设和设计的实际经济条件，它是确定酒店空间设计的质量、材料应用以及设备选择的决定性因素。

四、酒店空间资料搜集

　　学习并借鉴优秀的酒店空间设计的实践经验，了解并掌握相关的设计规范，既是避免走弯路、走回头路的有效方法，也是认识并熟悉酒店空间设计的途径。因此，进行酒店空间设计，设计师必须学会搜集并使用相关参考资料。资料搜集与实地调研通常在拿到项目任务书后进行，但通常也贯穿于项目始终，设计师需有针对性地分阶段进行。

1.设计规范

设计规范是为了保障项目的质量而制定的，设计师应当严格遵守酒店空间设计所涉及的专业规范，因为它关系到人们的公共安全和身体健康。设计规范主要包括消防规范、日照规范、交通规范等内容。

2.参考资料

搜集同类项目相关的信息、发展趋势，有益于设计师形成设计概念，启发设计灵感，同时为项目设计的针对性、适用性、可行性等方面提供参考。搜集资料，对相关信息进行及时详细的记录，可以为下一步的设计工作做好充分准备。

五、酒店空间实地调研

实地调研应本着性质相同、内容相近、规模相当、方便实施的原则开展。实地调研的内容一般包括一般技术性了解和使用管理情况调研两方面。一般技术性了解主要包括设计构思、总体布局、平面布置、空间造型、设计风格与材料等内容的调研，而使用管理情况调研主要指管理和使用两方面的直接调研。

小 结

1.环境条件分析。对地段环境、人文环境进行调研分析。

2.资料搜集。对同类型项目的相关资料进行搜集、整理。

3.实地调研。对同类型项目进行实地调研。

4.编制调查报告。以PPT格式编制调查报告。

思考与训练 2-2

以小组为单位确定酒店空间设计的最终选题，对酒店环境条件进行分析，搜集整理参考资料，对同类型项目进行实地调研，对酒店空间的设计风格、功能分区、交通流线、设计手法、软装设施等要点进行考察分析，完成酒店空间设计调查报告。

文件格式：PPT。

任务三　酒店空间概念设计

任务表 2-3

项目二	任务一 酒店空间设计项目启动	任务二 酒店空间设计调查	任务三 酒店空间概念设计	任务四 酒店空间平面布置	任务五 酒店空间系统设计	任务六 酒店空间界面设计	任务七 酒店空间室内陈设设计	任务八 酒店空间设计方案表现	任务九 酒店空间施工制图	任务十 酒店空间设计汇报
任务说明	了解酒店空间概念设计的内容与方法，确定酒店空间的功能、形态、色彩等整体概念									
知识目标	1. 了解酒店空间概念设计的内容 2. 了解酒店空间概念设计的方法									
能力目标	1. 确定酒店空间的功能、形态、色彩等整体概念 2. 能够从具体功能入手对酒店空间进行概念设计 3. 能够从客户需求特点入手对酒店空间进行概念设计 4. 能够从地域文化特色入手对酒店空间进行概念设计									
工作内容	1. 整理在设计调查阶段搜集的参考资料 2. 分析酒店空间的功能特点及运营模式 3. 分析酒店空间的客户需求特点 4. 分析酒店空间的地域文化特色 5. 确定酒店空间的功能、形态、色彩等整体概念									
工作流程	知识准备→资料整理→功能特点分析→客户需求分析→地域文化特色分析→概念设计									
评价标准	1. 资料整理 10% 2. 功能特点分析 20% 3. 客户需求分析 20% 4. 地域文化特色分析 20% 5. 功能、形态、色彩概念设计 30%									

环节一　知识探究

概念设计是利用设计概念并以其为主线贯穿全部设计过程的设计方法。概念设计是完整而全面的设计过程，它通过设计概念将设计者繁复的感性和瞬间思维上升到统一的理性思维从而完成整个设计。概念是空间之魂，概念设计是由抽象到具象的设计过程。

一、酒店文化概念设计

案例展示：青岛即墨逸林希尔顿概念设计。

印象即发——概述

1955年，石泉头头发绳业生产合作社成立，这便是即发集团的前身。

历经石棉生产合作社、制发厂、发制品集团公司等的演变，这个曾经的小工厂，最终成为拥有"中华老字号"美誉的即发集团控股有限公司，并涉足制发、织布、成衣以及地产等几大领域。

即发一路走来，我们共同见证。

印象即发——发

"珠缨炫转星宿摇，花鬟斗薮龙蛇动。"白居易如此形容美得像绸缎一样的秀发。

即发集团控股有限公司正如"即发"的名字一样，结合了即墨的壮美与秀发的柔美——发如墨，情意长，根根如丝，寸寸悠心。

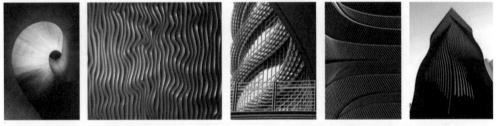

印象即发——设计元素

发，是柔软细腻的，犹如波浪般律动。它又是坚韧强劲的，可与建筑元素融合、共鸣。

印象即发——历程

棉花—粗纱—筒纱—染色印花—针织品。

即发从一个小小的生产合作社发展成为即发集团控股有限公司，正如从一粒小小的棉花蜕变成热销国内外的针织品。这一路虽然艰辛，但过程绚烂甜蜜。

青岛即墨逸林希尔顿概念设计

印象即发——设计元素

将棉花纺成线、织成布的过程诠释了抽象的设计理念。

线的排列组合、纹理的放大重组、布料的拉伸扭曲，这些设计动作呈现了一场线与图形之间的视觉盛宴。

大堂、大堂吧概念

发如墨：黑与白是永恒的主题，大堂和大堂吧应如墨般经典、如雪般纯洁、如发般柔美。

全日制餐厅概念

发如丝：流动的线条，为空间带来韵律，丰富了空间的层次感。

日式餐厅概念

发如丝：流动的线条为空间带来韵律，丰富了空间的层次。

青岛即墨逸林希尔顿概念设计（续）

中餐厅概念

发如带："带"的元素取于玉玺的"穗带"，犹如在空中划出的一道优美的弧线，又如一只律动的精灵，轻盈、洒脱的线条溢满整个空间。

宴会、会议概念

发如雪：如雪般纯洁、如发般柔美。

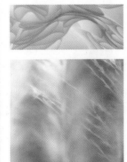

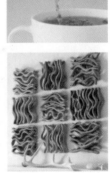

行政酒廊概念

发如缎：柔亮的质感，深邃的颜色，高贵的气质，便是它最好的诠释。

康体水疗室、游泳池概念

发如绢：如涓涓流水般，却比流水更绵、更打动人心。

青岛即墨逸林希尔顿概念设计（续）

茶室概念
发如纱：深色的灯光，轻轻柔柔的纱，能渲染出神秘魅惑的气氛。

酒吧概念
发如纱：酒不醉人人自醉，"纱"不迷人人自迷。

客房概念
发如绸：薄而不轻、柔软细化，犹如巧克力般的甜蜜感萦绕在心中，让人能慢慢回味，历久弥新。

青岛即墨逸林希尔顿概念设计（续）

二、酒店主题概念设计

案例分析：轻松、浪漫、释放、激情——Mylines情诗酒店概念设计。

Mylines情诗酒店概念设计旨在重新定义情侣酒店。其设计并不是服务于刺激，而是要满足"轻松、浪漫、释放、激情"4个缺一不可的平行需求，让情侣能在其中回归本我。通过对外界面、内界面、尺寸、平面排布及声光效果5个变量的控制，设计师实现了空间环境对使用者原始欲望的激发与引导，使其能自主地放大与释放原始欲望。

Mylines情诗酒店概念设计

环节二 概念设计

在完成项目启动和设计调查环节以后，我们对设计要求、环境条件以及相关的设计案例已经有了一个比较系统而全面的认识。在此基础上，我们可以进入酒店的概念设计环节。如果把酒店空间设计比喻为写作文的话，那么概念设计环节就相当于确定文章的主题思想，是酒店空间设计的行动原则和境界追求，其重要性不言而喻。概念设计环节的具体工作包括酒店的策划定位和风格定位。

一、酒店空间概念设计的内容

酒店空间概念设计主要包括以下内容。

①收集项目委托方提供的建筑图纸、设施设备安装图纸等资料，明确其对项目设计的意向和要求，并进行综合整理等。

②实地考察项目的场地位置、区域环境及周边条件，掌握第一手资料，进行系统的资源环境和市场条件分析调研等。

③查阅当地的地方史、地方志、人物志等资料，结合对文化背景的挖掘，充分运用人文资源，准确、恰当地确定酒店的特种设计要素，进一步启迪设计思路和创作灵感。

④根据项目委托方的意图，考虑建筑体量、板块结构、标志性特征等因素，创意性地策划酒店的风格规范和功能特色。

⑤综合酒店各方面的要素，整合各种信息资源，制定酒店整体开发策略和市场目标，明确各项具体的设计任务和要求。

二、酒店空间概念设计的方法

酒店策划定位可以从以下3个方面进行构思。

①从具体功能特点入手。更圆满、更合理、更富有新意地满足功能要求一直是酒店空间设计的目标，在具体设计实践中，它往往是概念设计的主要突破口之一。

②从环境特点入手。富有个性特点的环境因素，如地形地貌、景观朝向以及道路交通等均可成为概念设计的启发点和切入点。

③具体的任务需求特点、经济因素乃至地域文化特色均可以成为概念设计的切入点和突破口。

三、酒店空间概念设计实践

案例分析1：魔法主题酒店。

我要做一个迷宫一样的，充满了神秘感，又有点儿恐怖、有趣的魔法空间

神秘的蓝色调 　　　　　　　　　　　　　　星星点灯的魔幻感觉

以魔法为主题，在魔法世界里什么都是有可能的，任意转换空间、瞬间转移，这里的空间是虚实交替的，充满了神秘感和惊喜。人们在这里忘记了城市的喧嚣，以为是在梦里

错综复杂的空间

高耸的空间

吸引的人群：喜欢体验刺激、寻求不一般的感觉的年轻人

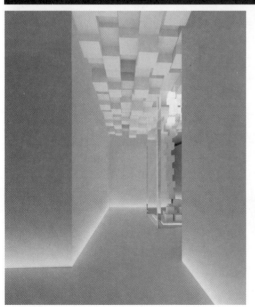

魔法主题酒店

魔法主题酒店（续）

案例分析2：身体力行——跑酷运动主题酒店室内设计（详见配套资源）。
案例分析3：天空之城（详见配套资源）。

小结

1.概念设计。提炼酒店空间的功能、形态、色彩等整体概念。
2.功能特点分析。从具体功能特点入手对酒店空间进行概念设计。
3.环境特点分析。从环境特点入手对酒店空间进行概念设计。
4.从客户需求、经济因素、地域文化特色等方面切入，对酒店空间进行概念设计。

思考与训练 2-3

以小组为单位进行酒店空间概念设计，从酒店的功能特点、环境特点、客户需求3个角度进行系统分析，整理具有代表性的概念设计资料，最终完成酒店空间概念设计方案文本。
文件格式：PPT。

任务四　酒店空间平面布置

任务表2-4

项目二	任务一 酒店空 间设计 项目 启动	任务二 酒店空 间设 计调查	任务三 酒店空 间概念 设计	任务四 酒店空 间平面 布置	任务五 酒店空 间系统 设计	任务六 酒店空 间界面 设计	任务七 酒店空 间室内 陈设 设计	任务八 酒店空 间设计 方案 表现	任务九 酒店空 间施工 制图	任务十 酒店空 间设计 汇报
任务 说明	了解酒店空间设计平面布置的基础理论									
知识 目标	1. 了解酒店空间的功能分区 2. 了解酒店空间的流线设计 3. 了解酒店空间的类型 4. 了解酒店空间的分隔 5. 了解各功能空间的室内布置要点									
能力 目标	1. 明确酒店空间的功能分区和面积比例 2. 明确酒店空间的交通流线与空间序列									
工作 内容	1. 确定酒店空间的功能分区和面积比例 2. 分析酒店空间各功能分区的属性及类型 3. 分析酒店空间内部的交通流线与空间序列									
工作 流程	功能分区设计→面积比例设计→空间属性分析→交通流线设计→空间规划方案→平面布置图绘制									
评价 标准	1. 空间布置的合理性（空间构成情况）30% 2. 室内陈设的适用性（家具尺寸情况）30% 3. 方案制图的规范性（视觉效果情况）30% 4. 工作过程的有序性（图文编排情况）10%									

环节一　知识探究

一、酒店空间的功能分区

　　酒店空间的功能分区可分为收益部分和非收益部分。收益部分是直接为酒店创造经济效益的部分，包括客房、餐厅、酒吧、多功能厅、健身房、娱乐厅、洗浴中心、大小会议室等；非收益部分主要包括公共空间、管理服务空间、配套设施空间等。从经济角度考虑，酒店应当尽量扩大收益部分面积，最大限度地增强酒店创收能力；同时应按照有关规范标准，合理规划非收益部分面积。这是酒店进行功能分区时应该遵循的基本原则。

　　通常来讲，经济型酒店的客房面积占酒店面积的80%左右，中等档次的酒店的客房面积占酒店面积的65%左右，高档酒店的客户面积占酒店面积的50%左右。对于不同类型的酒店，其各个功能区域的面积指标也有所不同。酒店客房面积指标的制约因素有很多，设计师在酒店空间设计与策划中要进行综合考虑。

　　星级酒店的功能分区参照表2-1设置。

表 2-1　星级酒店的功能分区

功能分区	具体区域	比例	空间
收益部分	住宿	35%~40%	标准单人间、标准双人间、各种套房
	餐饮	7%~10%	中餐厅、大堂吧、酒吧、茶吧、西餐厅、宴会厅
	休闲娱乐、会议	7%~10%	KTV、健身中心、洗浴中心、游泳馆、会议室、其他
	行政、商务	10%~15%	商务房、行政房、西餐厅、会议室
非收益部分	公共空间	20%~25%	出入口、大厅、走廊、楼梯、电梯及电梯厅、卫生间
	管理服务空间	8%~12%	服务：总台、前厅办公室、寄存处、办公室、经理室 餐饮：吧台 休闲娱乐、会议、行政、商务：服务台
	配套设施空间	12%~20%	机械设备部门：锅炉房、水箱、泵房、配电室、防灾管理室、洗衣房、工作室 员工部门：食堂、休息室、更衣室、淋浴室 住宿：布草房 餐饮：食品库、冷藏库、厨房、配餐室 休闲娱乐、会议、行政、商务：物品库

二、酒店空间的流线设计

为了给客人提供舒适、高效的服务，酒店的流线必须清晰、明确，尽量做到流线布局紧凑、快捷有效、互不干扰。

1.流线设计的原则

现代酒店是一个多功能的建筑系统，是集住宿、餐饮、会议、宴会、娱乐等为一体的综合体。酒店空间的流线既要相互分离、互不干扰，又要在一定范围内相互沟通，因而对酒店的各种流线（包括客人流线、货物流线、服务流线、交通流线等）进行细致分类显得非常有必要，这也是决定酒店空间设计是否成功的重要因素之一。

合理规划、组织酒店的交通流线，必须坚持"客人流线便捷清楚、服务流线快速通畅、设备流线安全稳妥、客人流线与服务流线互不交叉"的设计原则。在布局流线时，首先确定酒店经营活动中各步骤的先后顺序，包括大堂前台区和管理后勤区以及员工和客人区域可能相交的汇合点，尽量做到客人、供给物品和员工活动分离、各行其道，避免相互干扰、相互避让，以利于各项服务措施按规划运转，既保证效率，又便于管理、监督和安保。

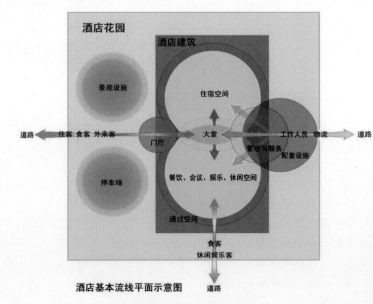

酒店空间的流线设计分析图

2.流线设计的特点

酒店空间的流线设计有许多规范性要求，在设计中应该予以重点考虑。

①流线的功能是满足客人在酒店内行进、停留、休息、会谈、赏景等需要，故设计师应避免人流逆向行进的情况发生，而应采取环状的流线布局。

②鉴于各部门的不同规范和要求，设计师必须与相关技术部门或人员密切协调，形成合力，进行多方法攻坚，科学、合理、稳妥地解决流线布局问题。

③严格遵守酒店消防安全方面的强制性规范。

3.流线设计的要点

酒店流线连接着酒店的各个功能分区，按照酒店空间的实际构成情况，酒店流线在区域上可分为室内和室外两个区域，在系统上可以分为客人流线系统、服务流线系统、设备流线系统等。

（1）客人流线系统

酒店大堂在通往前厅、电梯、餐厅、会议室、娱乐中心、购物中心等空间的流线设计上，要使人一目了然，很方便找到通道。大堂的前台、电梯厅和楼梯间应接近入口，标志明显，使需要到上层客房或公共空间的客人减少在大堂中的来回穿越，同时也有利于迅速分散人流。

住宿客人出入口包括步行出入口和无障碍出入口，前台至入口和电梯厅的通道要宽阔，且酒店应为大件行李设置专门的出入口。为了适应团队客人集散的需要，有的酒店还设立了能够停靠大客车的团队独立出入口和客人临时休息厅。

承担宴会、会议等多种社会活动功能的酒店宴会厅、会议室等空间需单独设出入口或门厅。

（2）服务流线系统

酒店的服务流线与客人流线要分开设计，管理和服务人员的出入口和电梯，要与客人的出入口和电梯分设，避免交叉干扰。为保证后勤供应及安全卫生，大中型酒店专门设置了物品流线，既有水平流线，又有垂直流线，便于货物、设备运输与垃圾出运，同时还应设有卸货台和货运电梯，尽量避免与客人流线交叉或兼用。

（3）设备流线系统

设备流线主要用于保证酒店上下水、供热、空调、防灾、电气、电信、网络等方面的安全有效。在设施设备的流线设计上，设计师要严格按照各自相关的技术规范要求，合理布局、科学布置，保证使用、维修的便利性和运行、操作的安全性。人类已经进入数字信息时代，在设备流线系统设计上，建立信息流线，安装智能化设施，可以打造智能化的住宿、会议、娱乐环境。

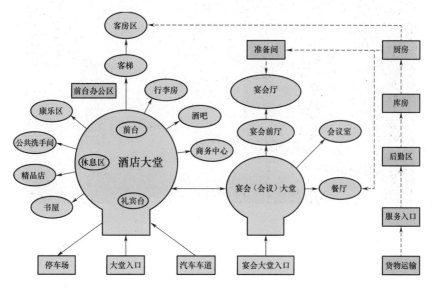

五星级酒店交通流线图示例

三、酒店空间的类型

酒店空间设计是一个综合性设计项目。酒店不仅规模庞大，还包含了不同性质的空间类型，可以说是包含空间类型最全面的综合性建筑功能体。

1.动态空间和静态空间

动态空间是相对于静态空间而言的，是一种营造动态环境和心理动态的空间形式，包括客观动态空间和主观动态空间。静态空间是一种安静、稳定的空间形式，空间限定感较强，趋于封闭、私密，在空间布置方面多采取对称、平衡等形式，有较强的向心力，空间陈设比例、尺寸较为协调，色调统一和谐，如客房空间等。

大堂空间设动态水景，可营造主观动态空间，增加空间的流动性和趣味性（秦皇岛国际大酒店）

2.下沉空间和地台空间

局部空间下沉，在地面上形成明显的范围界限，这种空间就是下沉空间，其地面和周围地面形成落差，有较强的维护感，空间性格内向。室内地面局部抬高，形成地台空间，与下沉空间相反，其空间性格外向，具有吸纳性和展示性。

SPA前厅形成地台空间，具有较强的吸纳性和展示性
（峨眉山红珠山宾馆7号楼酒店）

3.虚拟空间和迷幻空间

虚拟空间是借助启示、联想、向心力和凝聚力等视觉特性来划分空间的，常通过局部的材料、绿化、颜色、照明、隔断以及家具陈设等营造一种心理上的想象空间，也称心理空间。迷幻

空间是追求神秘、神奇、迷幻、动感和趣味的空间类型，通常用夸张、扭曲、错位、倒置等反常规设计方法使空间变幻莫测，在照明方面则追求五光十色、动感变换，色彩浓艳娇媚，装饰陈设不拘一格等。

虚拟空间和迷幻空间（郑州艾美酒店·中庭）

4.共享空间

共享空间多处于大型酒店的公共空间中，通常是整个建筑空间的公共活动中心和交通枢纽，具备完善的功能设施，是一种综合性的多用途空间。共享空间是酒店的形象空间和人流聚散的地方，也是体现酒店文化内涵的主要空间。

共享空间是酒店的公共活动中心和交通枢纽（郑州艾美酒店·休息区）

5.开敞空间和封闭空间

开敞空间是指有一定的区域感但没有明确界线的空间形式。开敞空间性格外向、接纳性高、限定度较小、私密性较弱，强调与周围环境的交流、渗透、融合，讲究对景、借景，空间感强。封闭空间是指用限定度较高的承重墙、隔墙等将空间围合起来，从而使视觉、听觉、环境、温度、气味等因素完全与周围环境隔断，使空间封闭起来。其空间性格内向、私密，是拒绝性的空间，与周围环境的交流较少，流动性较差。

四、酒店空间的分隔

空间分隔的形式通常由空间的性质、特点和功能要求，以及艺术和心理需求等要素决定，其分隔方式主要有以下4种。

①绝对分隔。它是用承重墙、轻体隔墙等限定高度的墙体来分隔空间的。使用这类分隔方式分隔出来的空间私密性较强、隔音较好，属于完全封闭型空间。

②局部分隔。它是采用局部的墙体、隔断、屏风、家具等来分割空间的，其限定度的大小由分隔形式的界面大小、材料、形态等决定。使用这类分隔方式分隔出来的空间介于完全封闭型空间与象征性分隔空间之间，空间性质属于开敞性，和周围空间相通。

空间的局部分隔（江西南昌宾馆）

③象征性分隔。它是用分段、低矮的面、家具、绿化、水体、色彩、材料、高差等来分隔空间的。使用这类分隔方式分隔出来的空间限定度极小，空间分隔模糊，侧重于心理分隔，通过人们的联想和视觉特性来感知，追求似有似无的分隔效果，具有象征意义；空间隔而不断，流动性强。

④弹性分隔。它是利用可活动的隔断、屏风、家具、陈设、窗幕、植物等来分隔空间的。使用这类分隔方式分隔出来的空间可根据使用的需要随意调整、开启和关闭其分隔形式，使空间自由变换组合成需要的形式。使用这类分隔方式分隔出来的空间称为弹性空间或灵活空间。

空间分隔的形式决定了空间的相互关系和关联程度，而分隔方式则可以在满足不同分隔要求的基础上创造出具有美感的艺术效果，因此，各种不同的分隔方式是空间装饰处理的重要载体。

五、酒店空间规划设计

酒店空间根据功能大致可划分为大堂、客房、餐饮区、娱乐区、会议室、后场等区域。在酒店空间设计中，设计师应围绕各区域的关系展开设计。各区域应相互关联和衔接，以方便管理和提供服务。酒店空间规划设计环节的工作流程如下。

①确定酒店空间的功能分区和面积比例。

②分析各功能空间中动态空间和静态空间属性。

③分析各功能空间中下沉空间和地台空间属性。

④分析各功能空间中虚拟空间、迷幻空间的属性。

⑤分析各功能空间中共享空间属性。

⑥分析各功能空间中开敞空间和封闭空间属性。

⑦分析酒店空间内部的交通流线与空间序列。

⑧按比例绘制规范的酒店空间规划设计方案。

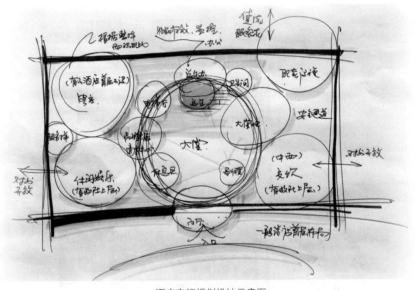

酒店空间规划设计示意图

环节二　平面布置

一、大堂的室内布置

对设计师来说，大堂可能是设计工作量最大，也是设计含金量最高的空间之一。在酒店大堂的设计中，较多的功能细节尤其不能忽视。

1.大堂的功能分区构成

大堂主要由接待服务、公共活动、经营活动、后勤服务等几个方面构成。

① 接待服务：主要包括礼宾接待、行李寄存、贵重物品保管、前台接待（办理入住、结算、问询、外币兑换等）等功能。

②公共活动：主要包括大堂、门厅、休息区、公共卫生间、公共电话、电梯间等活动空间。

③经营活动：主要包括商务中心、精品商场、大堂吧等。

④后勤服务：主要包括办公室、消防指挥中心、员工电梯和通道、清洁工作间等。

大堂的功能分区参照表2-2设置。

表2-2　大堂的功能分区

功能分区	比　例	空　间
营业面积	70%（其中使用面积占70%、景观占30%）	总台、大堂吧、商务店、品牌店、餐厅、酒吧、休闲区、娱乐区等空间
非营业面积	30%（其中使用面积占50%、景观占50%）	门厅、大厅、总台办公室（储存室）、休息区、电梯厅、走廊、公共卫生间、监控中心、工作服务区等空间

2.大堂的布置要点

酒店大堂的布置要点如下。

①前台。前台是大堂活动的主要焦点，主要向客人提供咨询、入住登记、离店结算、兑换外币、转达信息、贵重物品保管等服务。

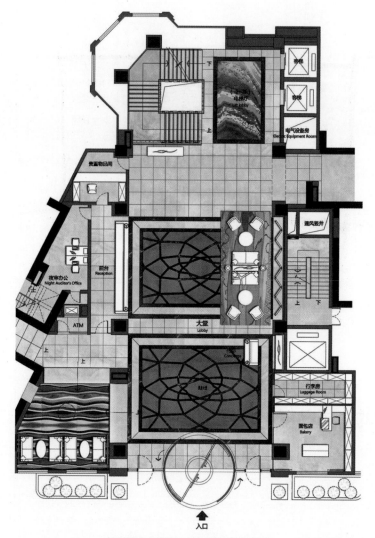

福州凯旋大酒店大堂区域平面布置图

②前台办公室。前台办公室应设置在前台的后面，供前台工作人员更衣、办公、交接手续等，内设消防、保安、监控系统。

③酒店入口。酒店入口通常设置在大堂的中间位置，是散客和主要宾客的入口。对于团队宾客、餐厅用餐宾客、娱乐消费宾客、酒店可设置专门的入口。酒店入口通常有3种形式，即平开手推门、红外线感应门、自动旋转门。

④礼宾部。礼宾部包括礼宾台、行李车、雨伞储存架等，良好的礼宾服务是酒店接待宾客的第一环节，礼宾部应设在首层客用电梯厅与酒店大门连接的流线中。

⑤贵重物品保管室。贵重物品保管室应设置在前台旁边的隐蔽位置，避免大堂流动人员直视。贵重物品保管室一般分设两个门，分别用于工作人员和宾客进入。

⑥休息区。休息区由沙发、茶几、台灯、绿化等组成，起着疏导大堂人流的作用。休息区是免费使用的，但从经营角度考虑，休息区可靠近大堂吧等商业区，以引导宾客消费。

⑦商业区。商业区主要是指大堂吧，一般为开放式或半开放式，常运用地面高差形成子空间。商业区还包括酒吧、咖啡厅、商店、商务中心等区域。

⑧电梯厅。电梯厅常用的排列形式有巷道式和并列式两种，电梯厅应尽量设置在大门到前台延伸线的位置上，以缩短宾客往返的距离。

⑨公共卫生间。公共卫生间应设置在较隐蔽处，公共卫生间的门不能直接对着大堂，并应设

置残疾人卫生间和清洁工具储存室。

二、客房的室内布置

从功能的角度来看，客房是酒店最重要的分区之一。客房是酒店获取经营收入的主要来源，是客人入住后使用时间最长的，也是最具有私密性的场所。客房的基本功能有休息、办公、休闲、娱乐、洗浴、化妆、会客、就餐、行李存放、衣物存放等。当然，由于酒店的性质不同，客房的基本功能会有所增减。

1. 酒店客房的类型

为了便于满足各种类型的客人的不同需求，酒店一般会设置标准间、套房，大型酒店还会设置豪华套房、总统套房、无障碍客房等。

（1）标准间

标准间一般分双人或单人标准间。标准间是酒店中最基本的房间，酒店的标准间宜达到客房总数的75%以上。酒店标准间的最低净面积为36m²，度假型酒店的标准间的最低净面积为38m²。标准间中的卫生间的最低净面积为8m²，且其中必须安装四件套卫生设备。如果增设阳台，标准间必须再增加8m²的净面积。

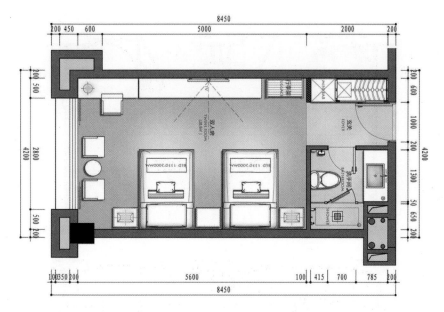

瀚庭国际大酒店标准间平面布置图

（2）套房

套房内的材料、家具、设施设备的质量都必须超过标准间的标准。商务套房的面积一般为50 m²，其卫生间不小于10 m²。套房通常有两个分隔间，一个分隔间作为卧室，另一个分隔间作为休闲娱乐区域，也适用于商务办公或洽谈业务。

（3）豪华套房

豪华套房一般设有3个分隔间，一个分隔间作为卧室，另外两个分隔间作为休闲、娱乐、办公、就餐等功能区域。套房内通常设有客厅、卧室、餐厅、厨房、办公区、衣帽间、主卫生间、次卫生间等。

（4）总统套房

总统套房在酒店内的数量不多，一般位于景观位置较佳、私密性较强的酒店顶层，整个套房的面积为500 m²左右，具有高级别的设备和精美的装修。总统套房至少由6个分隔间组成。

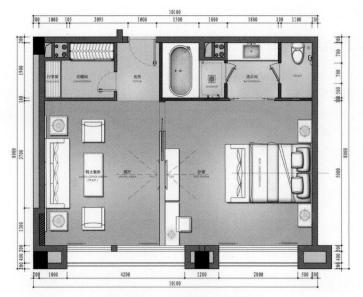

瀚庭国际大酒店套房平面布置图

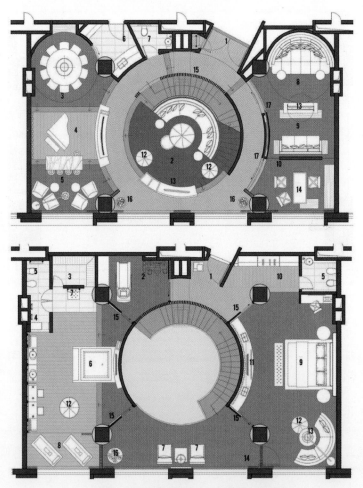

北京影人花园酒店总统套房二层平面布置图

（5）无障碍客房

无障碍客房要为存在视觉、听觉障碍及其他伤残情况的客人提供全面的服务。设计无障碍客房时设计师应注意以下内容。

①无障碍客房的设计标准和标准间一致。

②无障碍客房必须尽可能位于临近电梯厅的位置。

③无障碍客房的家具布置，必须能够在卧室区域提供直径为1530mm的回转空间，在床的一边要有910mm的净化空间。

④所有入户门、卫生间门的净宽最小为910mm，所有门上必须安装手柄。

⑤在入户门上距离地面1.06m的位置，应加装一个额外的猫眼。

2.酒店客房平面类型

酒店客房平面类型主要有以下3种。

①中廊式。中廊式也称内廊式，即客房走廊从客房楼层中部穿过，客房分设在两侧。这种形式的走廊利用率高，能节省楼层空间，因此在酒店客房的平面布置中采用得较多在。

②侧廊式。侧廊式也称外廊式，即走廊在客房的一侧，这种平面布置形式比较适合于海滨及风景名胜区，目的是使客房具有理想的朝向和优美的户外景观。

③中庭式。酒店主体建筑中央是内院或中庭，客房四周围合，回形走廊一侧为客人提供了赏心悦目的景观，提升了酒店的品位。

三、餐饮空间的室内布置

餐饮空间是酒店不可缺少的功能空间。酒店一般都会经营餐饮业务，通常向住宿的客人开放，同时也面向公众。酒店中的餐饮空间是人们进行洽谈、进餐、聚会等活动的场所。酒店中的餐饮空间一般包括中餐厅、西餐厅、宴会厅等，一般设在酒店的一层或二层，少数情况下设在顶层。

1.中餐厅

中餐厅是国内酒店餐饮项目中的主角，其经营水平决定着酒店的经营走势，其空间设计对经营效益有很大的影响。中餐厅的设计应当注意以下内容。

①中餐厅一般由门厅、服务台、就餐区、包间、通道、厨房等组成。

②中餐厅的餐桌一般以圆形桌和方形桌为主，包房中通常采用圆形桌。

③中餐厅的包房尽量不要门对门，要适当提高包房的灵活性和使用效率。

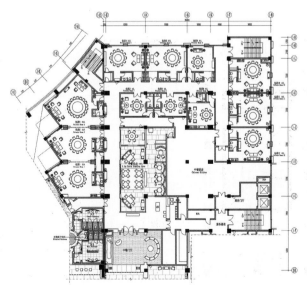

成都皇冠假日酒店中餐厅平面布置图

2.西餐厅

西餐厅源于国外，根据市场要求，许多星级酒店都设置了各种类型的西餐厅，如法国餐厅、意大利餐厅、日本餐厅等。基于不同的文化背景，设计师对西餐厅的设计需要满足特别的要求：一是餐厅的布局要符合各种西餐饮食习惯，二是装饰设计要充分考虑餐厅的文化特色。

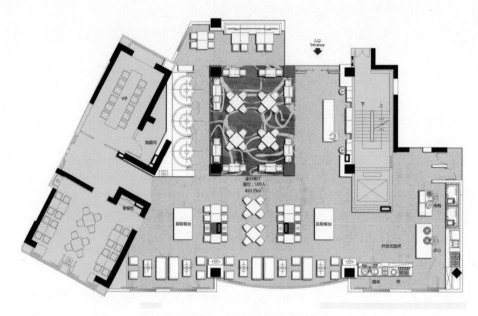

福州凯旋大酒店全日餐厅平面布置图

3.宴会厅

宴会厅是酒店对外开放的主要场所。为了提高使用效率，宴会厅除了承办大型宴会之外，还兼做多功能厅，可用于举行国际会议、展览等。宴会厅宜设置单独的出入口、休息厅、衣帽间和卫生间。宴会厅的设计应注意以下内容。

①宴会前厅是供宴会客人休息的，在设计时应考虑前厅中所进行的活动不会影响酒店的正常运营。

②宴会前厅的走道宽度至少为4.5m。在此处可设衣帽间、休闲区、陈设物品、卫生间等。

③宴会厅须靠近厨房，并设有足够的备餐空间。

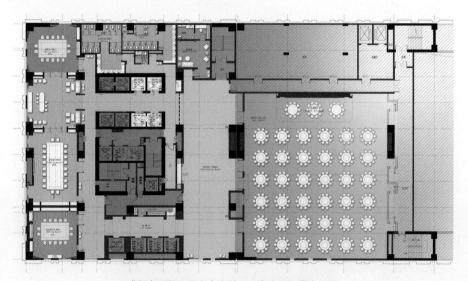

成都皇冠假日酒店宴会前厅及宴会厅平面布置图

四、健身娱乐空间的室内布置

在现代酒店中，除了客房、餐厅、宴会厅、会议厅等功能分区以外，健身娱乐空间也是配套设施中的重要组成部分。酒店的健身娱乐空间要根据酒店的等级规模、所处的地理环境来配置。一家健身娱乐空间配置合理的酒店一般有游泳池、健身房、桑拿洗浴中心、KTV、酒吧等设施。

1.游泳池

游泳是酒店中常见的健身项目。酒店的游泳池一般分为室内游泳池和室外游泳池两种。游泳池应美观大方、视野开阔、采光效果好。游泳池四周应设有溢水槽，池底应配有低压防爆照明灯并铺设瓷砖。

游泳池周边应设有男女更衣室、沐浴间和卫生间。其流线设计应遵循客人更衣、沐浴、游泳、沐浴、更衣的使用顺序。室内游泳池的水温应可以调节，不受季节、气候的影响，游泳池的造型一般较规整，游泳池周围设有供客人休息的座椅或躺椅。

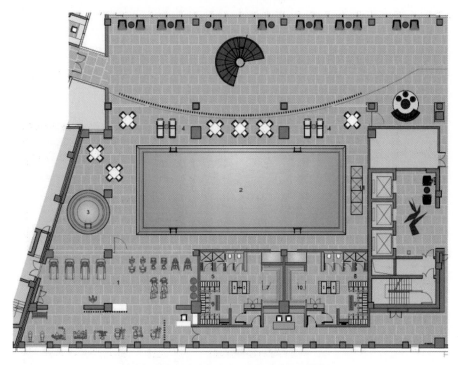

北京影人花园酒店康体水疗及室内游泳池平面布置图

2.健身房

健身房的设计与布局应根据酒店的规模而定，健身房一般位于使用楼梯和客房电梯可以直达的区域。健身房既是运动的场所，也是社交的场所。健身房的设计可以刚柔相济，既能体现健身运动的刚健之美，也能以适当的柔美设计使人感到温暖。一般情况下，健身房需配备有氧和力量训练的健身设备，并应在有限的健身空间里为客人提供较多的健身设备。健身房的设计应注意以下内容。

①健身房的设计应注重空间的开敞性，有完善的通风设计，以保证客人的舒适与安全。

②健身房灯光应简洁明亮，不宜太过昏暗；吊顶不宜过低，以免使人感觉压抑。

③有氧设备之间应留出不小于400mm的距离，便于教练指导教学。

④有氧设备应尽可能靠窗摆放。

⑤跑步机后面应留出不小于120mm的安全距离。

3.桑拿洗浴中心

桑拿洗浴中心是酒店必备的服务设施之一。桑拿洗浴中心一般具有洗浴、按摩、休息等功能，一般设有冲浪浴、坐浴、淋浴、芬兰浴等洗浴间，同时还设有中式按摩、日式按摩、泰式按摩等多种按摩房。酒店的桑拿洗浴中心一般分设男宾区和女宾区，并且要在视觉和空间的划分上给男女宾客以明确的引导。

桑拿洗浴中心的构成如下。

①更衣室。更衣室里主要有更衣柜、毛巾架、化妆台和化妆镜等设施。

②洗浴空间。洗浴空间一般设于酒店的地下层，设有水力按摩浴池、桑拿浴池、蒸气浴池、药浴池、普通淋浴区等。

③二次更衣区。客人洗浴后可在此区域更换浴衣，其中常设休息区、化妆台等。

④休息区。休息区是供客人休息、娱乐的地方，应设有休息沙发、小酒吧等设施。

⑤按摩房。此空间中的光线不宜太强，可不设窗户，受外界干扰要小，要避免其他客人从中通过。

⑥桑拿室。桑拿室一般分为干蒸室和湿蒸室。

⑦贵宾房。此空间私密性较强，设有独立的洗浴设施、休息区及按摩房。

4.KTV

酒店的KTV一般包括接待处、大厅、公共休息区、过道、包房等。其中，KTV包房是设计重点。KTV包房按照房间的大小一般分为总统套房、豪华套房、大包房、中包房、小包房等。KTV包房为客人提供了一个相对私密的空间，使娱乐空间具有多元化的风格，以更好地提供个性化服务。

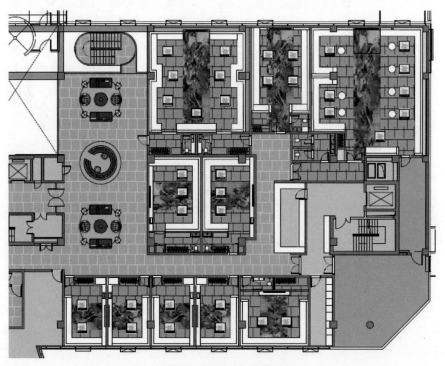

北京影人花园酒店KTV平面布置图

5.酒吧

酒店中的酒吧是供客人交流和娱乐的重要空间，此空间的装饰应竭力营造轻松的氛围，让客人在此找到乐趣，得到精神上的满足。酒吧根据其在酒店中的位置可分为空中酒吧、窖式酒吧、泳池酒吧等。酒吧一般包括入口、门厅、接待处、衣帽储存处、小型舞池、吧台、卫生间等。

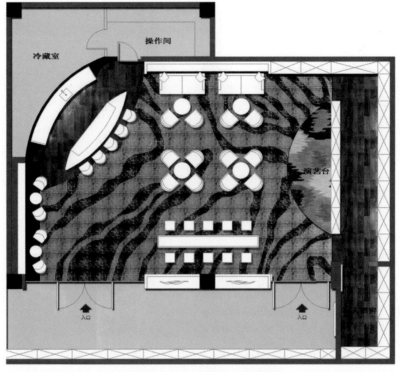

福州凯旋大酒店音乐酒吧平面布置图

五、平面布置设计实践

室内布置是在空间分隔之后，对各功能空间的深化设计以及二次空间的组织与塑造，直接关系到各功能空间的整体布局，也是室内设计师设计水平的重要体现。

小 结

1.确定酒店空间的功能分区和面积比例。
2.分析酒店空间各功能分区的属性及类型。
3.分析酒店空间内部的交通流线与空间序列。

思考与训练 2-4

绘制酒店空间平面布置图。

任务五　酒店空间系统设计

任务表 2-5

项目二	任务一酒店空间设计项目启动	任务二酒店空间设计调查	任务三酒店空间概念设计	任务四酒店空间平面布置	任务五酒店空间系统设计	任务六酒店空间界面设计	任务七酒店空间室内陈设设计	任务八酒店空间设计方案表现	任务九酒店空间施工制图	任务十酒店空间设计汇报
任务说明	了解酒店空间系统设计的基本常识，并完成酒店空间系统设计任务图纸									
知识目标	1. 了解酒店空间的光系统的基本常识 2. 了解酒店空间的声系统的基本常识 3. 了解酒店空间的风系统的基本常识 4. 了解酒店空间的水电系统的基本常识 5. 了解酒店空间的其他系统的基本常识									
能力目标	1. 分析酒店空间的声系统，绘制墙体开线图 2. 分析酒店空间的光系统，绘制天花系统图 3. 分析酒店空间的风系统，绘制空调系统图 4. 分析酒店空间的水系统，绘制水路系统图 5. 分析酒店空间的电系统，绘制电路系统图									
工作内容	1. 分析酒店空间的声系统，绘制间墙尺寸图 2. 分析酒店空间的光系统，绘制天花布置图 3. 分析酒店空间的电系统，绘制机电布置图									
工作流程	绘制间墙尺寸图→绘制天花布置图→绘制机电布置图									
评价标准	1. 绘制间墙尺寸图 30% 2. 绘制天花布置图 50% 3. 绘制机电布置图 20%									

环节一　知识探究

　　系统设计在酒店设计中占有非常重要的地位，主要包括光系统设计、声系统设计、风系统设计、水电系统设计、消防系统设计、电梯系统设计等。

　　在酒店空间设计中，系统设计具有较强的专业性，通常会由专业的系统设计师来完成，但是室内设计师应当掌握综合的理论及实践知识，了解相关的系统设计规范和原理。例如光系统中的灯具及开关插座选型、风系统的风口位设计等内容，均需要室内设计师与系统设计师进行沟通，以保证项目的顺利开展。

　　在本环节中，笔者将光系统、声系统、风系统作为重点知识点来讲，其他内容做概括性讲解。

一、光系统设计

1.光学基础
光的基本概念包括以下几个方面。

①光通量。光源每秒所发出的光亮之和称为光通量，光通量的单位为 lm。

②照度。被照面单位面积上接收的光通量称为照度，照度的单位是 lx。

③发光强度。发光强度指光源所发出的光通量在空间中的分布密度，发光强度的单位是 cd。

④亮度。亮度是指定方向发光面的发光强度与发光面的面积之比，亮度的单位是 cd/m²。

2.自然采光

酒店室内照明设计应尽量采用自然光。合理有效地利用自然光，不但可以降低酒店的运营成本，而且可以使客人在心理上产生亲切感和安全感。设计师在进行自然采光时，要了解空间的使用功能，视觉工作面的位置、要求等，由此确定采光口的位置、大小、形式、材料、构造等，以满足客人对使用功能的需要，还要运用自然光处理技法，营造自然光的艺术氛围。

自然采光一般采用以下几种形式。

①窗采光。窗采光指通过酒店的外墙窗户进行采光，是酒店空间设计中最常见的一种采光形式。

大面积的窗采光使整个空间变得更加宽敞、明亮

②墙采光。墙采光指通过落地玻璃、玻璃幕墙等透明墙体进行采光。这种采光形式不仅可以大面积地引入自然光，并且能将室外的自然景观融入酒店空间内。

玻璃墙的运用使空间更加宽敞，并起到节约能源的作用

③顶棚采光。顶棚采光指在酒店顶部或中庭，通过玻璃或者其他透明介质进行采光。

顶棚采光可以使光线得到最大程度的利用

3.人工照明

人工照明在酒店室内设计中占有重要的地位，不同形式的人工照明可以直接有效地控制室内环境，使客人能够在一种柔和、愉悦的气氛中进餐、交谈、休息。为适应不同场景的需要，酒店需要设置调光功能。灯具的选择和布置取决于照明方式的设计。照明方式包括均布照明、局部照明、装饰照明、安全照明等。均布照明能使空间获得基本亮度，一般使用于较大的公共空间，如宴会厅、会议室、公共走道等；局部照明一般使用于专用区域，如餐厅中客人就餐的位置，可提高局部亮度，并具有烘托气氛的作用。

在酒店设计中，人工照明一般采用以下几种形式。

①直接照明。直接照明常用于酒店室内，是酒店室内照明设计中最常用的形式之一。

②间接照明。间接照明一般和其他照明形式配合使用，以取得特殊的照明效果。

③漫反射照明。漫反射照明光线柔和，适用于酒店客房。

④重点照明。重点照明指对指定对象进行重点设光，以增强该对象的吸引力。

⑤装饰照明。装饰照明用于酒店环境气氛的营造，可以增加空间的层次。

在中餐厅灯光设计中，灯光重点照射于餐桌上，突出了空间中的主体

客房空间照明设计应当严格控制照明质量，确保光线柔和

造型吊灯的运用丰富了整个空间的层次

4.酒店室内照明设计实践

在酒店空间设计中，设计师应当合理地进行室内照明设计，对各功能空间需要的灯具进行选型，并制作灯具选型表。酒店空间常用灯具包括筒灯、射灯、格栅灯、埋地灯等。酒店室内照明设计还包括艺术吊灯选型与设计等工作。

项目实践：空间灯具选型样表。

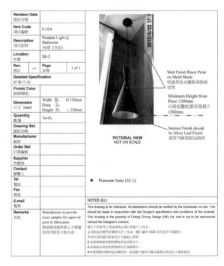

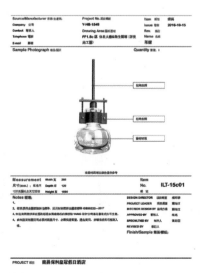

空间灯具选型样表

二、声系统设计

声系统设计主要包括噪声控制与音频设备设计两个方面。

1.噪声控制

室内噪声包括户外环境、建筑内部其他房间、室内设备等产生的噪声。噪声可以通过建筑布局、围护结构隔声、室内吸声、设备隔声等途径加以控制，具体做法详见项目一办公空间系统设计任务中的相应内容。

2.音频系统设计

酒店音频系统是一个集智能、控制、娱乐等为一体的综合性系统，为使之符合使用要求，满足各种会议、宴会活动的需要，设计师在进行设计时应建设一套先进、成熟、实用、性能稳定可靠的音频系统。

音频系统设计需要考虑以下5个方面的内容。

①大堂/大堂吧/全日制餐厅/中餐厅及包房/贵宾会见厅/健身房&游泳池/水疗室/行政酒廊/日本餐厅/雪茄吧/红酒吧。音频系统需满足酒店公共区域小范围的语言扩声的使用需要。

②宴会厅/宴会前厅。宴会厅是一个以日常大、中型会议，发布会，商务宴请，婚宴为主的场所，同时需具备小型流动演出、演唱功能，并能分割空间，进行独立使用。因此设计师所设计的音频系统要满足音频扩声系统（宴会厅+宴会前厅+商务中心+会议走廊）、音频处理系统（数字）、音频及传声器系统、大屏幕投影显示系统、矩阵切换及信号处理系统、智能控制系统和灯光机械系统等功能要求。

③会议室。音频系统需满足酒店举办会议时的使用需要。

④信息发布系统。在酒店会场主要地方设置信息发布系统，管理员可通过本地或远程进行编辑和管理，以显示不同的文字信息、视频信息等。

⑤背景音乐系统。音响扩声系统兼做背景音乐系统，在紧急情况下，也可作为应急广播系统。

三、风系统设计

在酒店空间设计中，风系统设计非常关键，它能使整个酒店的空气处于流通状态，能起到优化室内环境的作用。风系统设计主要包括自然通风和人工通风两个方面。自然通风主要是利用门窗以及建筑物孔洞的内外压差来实现的。在酒店空间设计中，由于各功能空间面积较大而且空间组织很复杂，人工通风占有重要地位，其中空调系统设计和厨房通风系统设计较为关键。

1.空调系统设计

酒店空间内的空调系统属于舒适性空调，其目的是为客人创造一个舒适的娱乐和休闲环境，同时为工作人员提供良好的工作环境。现代高层酒店建筑已经发展为集住宿、消费、休闲、娱乐于一体的综合性高层公共建筑，空调系统的设计方案、各种设备的选型以及空调系统的控制策略应灵活多变，以适应各种不同的要求。

基于这些特点，空调系统的形式常划分如下。

①大堂通常采用定风量全空气空调系统，喷口侧送风，机组设于地下空调机房内。

②餐厅空间较大，人员较多，通常不需要分区控制各区域温度，因此采用全空气空调系统，方形散流器顶部送风，机组放在旁边的空调机房内。

③大宴会厅及大会议厅通常采用双风机定风量全空气系统。由于考虑到该区域为全封闭区域，所以选用的全空气机组为双风机，在送风的同时进行排风，新风回风比可通过电动调节阀调节。

④客房通常采用"风机盘管+独立新风"系统。新风机组把引入的室外新风处理到室内熔值，再按需求由竖向风管将其分别送到各个房间。风机盘管吊装在客房入门过道上方的吊顶内，其送风口与单独处理后的新风送风口水平并列放置，并共用一个送风格栅。这种送风方式的设计可与

室内设计融为一体。

2.厨房通风系统设计

在酒店空间中，厨房空间占有重要的地位，而厨房的排烟是否通畅直接关系到厨房能否正常工作。厨房通风系统主要由集烟罩、排烟管道、油烟净化器、排烟风机（含消音器）和厨房整体补风装置构成。

四、水电系统设计

由于酒店功能空间的复杂多样性以及水电系统在设计时属于隐蔽施工，所以水电系统在酒店系统中有着不可替代的地位。水电系统设计主要包括强电系统设计、弱电系统设计以及给排水系统设计3部分。

1.强、弱电系统设计

强、弱电系统设计应根据用电容量、用电设备特性、供电距离、供电线路的回路数、当地公共电网现状及其发展规划等因素，经技术比较后确定配电设计方案。强电系统主要包括灯具、插座、排风扇、空调等。弱电系统主要包括监控系统、网络系统、广播系统及有线信号系统等。

2.给排水系统设计

给排水系统分为冷水供水系统、热水供水系统、排水系统3部分。冷水供水系统设计通常采取上行下给的方式，给水干管以竖向设置为主。热水供水系统的热水箱出水口的水温通常设置为45~50℃，热水保温水箱的温度通常设置为不低于45℃。排水系统设计应以重力流为主，不设污水提升泵；排污管道不得穿越生活水池上方。

五、其他系统设计

1.消防系统设计要点

消防系统设计要点如下。

①消防水泵（消防栓泵/消防喷淋泵）的布置。

②室内消火栓的布置。

③烟感的设置。

④消防喷淋头的设置。

⑤火灾自动报警系统的设置。

⑥防烟与排烟系统的设置。

⑦手动火灾报警按钮的设置。

⑧消防应急照明和消防疏散指示标志的设置。

⑨疏散通道/楼梯/外挂楼梯的布置。

2.电梯系统设计要点

电梯系统设计要点如下。

①配置的电梯载重量通常为800千克，如果井道太大或较小，可适当调整电梯的载重量。

②电梯厅门的安装高度由电梯施工单位按标准规范制定，在特殊情况下可根据现场建筑物改建情况而定。电梯机房的设计须符合国家有关规定和规范。

③酒店配置的电梯必须安装三方通话，即设计电梯轿厢与电梯机房、大堂前台之间的三方通话系统。

④电梯设计要求有"消防联动功能"。电梯系统与消防系统联动，当得到消防信号或启动消防紧急按钮时，电梯能自动迫降到首层开门。

⑤电梯速度的设置。

环节二 系统设计

一、墙体开线图

分析酒店空间的声系统，明确酒店空间内部隔断参数，绘制间墙尺寸图。

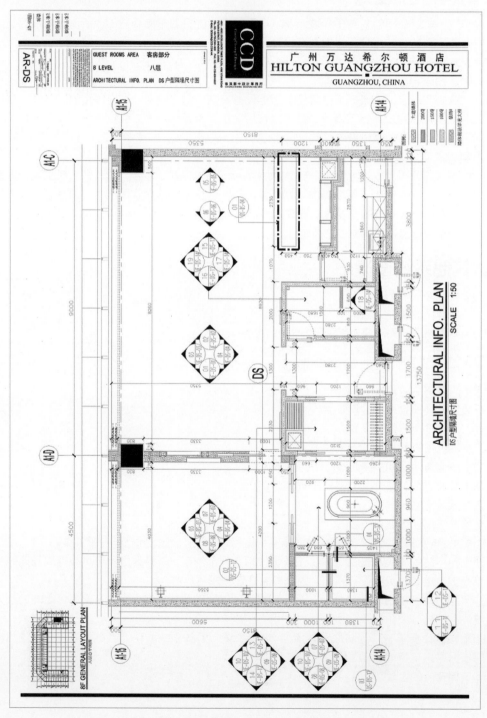

广州白云万达希尔顿酒店DS客房隔墙尺寸图 [设计：香港郑中设计事务所（CCD）]

二、天花系统图

分析酒店空间的光系统，绘制天花布置图。

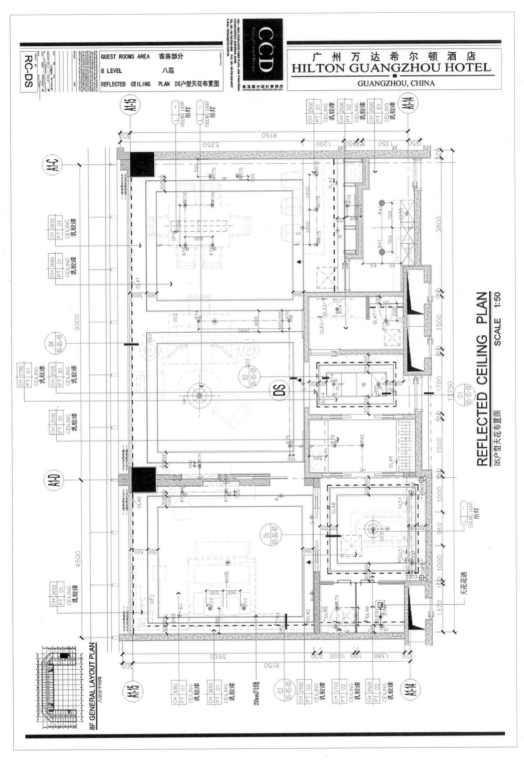

广州白云万达希尔顿酒店DS客房天花布置图[设计：香港郑中设计事务所（CCD）]

三、电路系统图

分析酒店空间的电系统，绘制机电布置图。

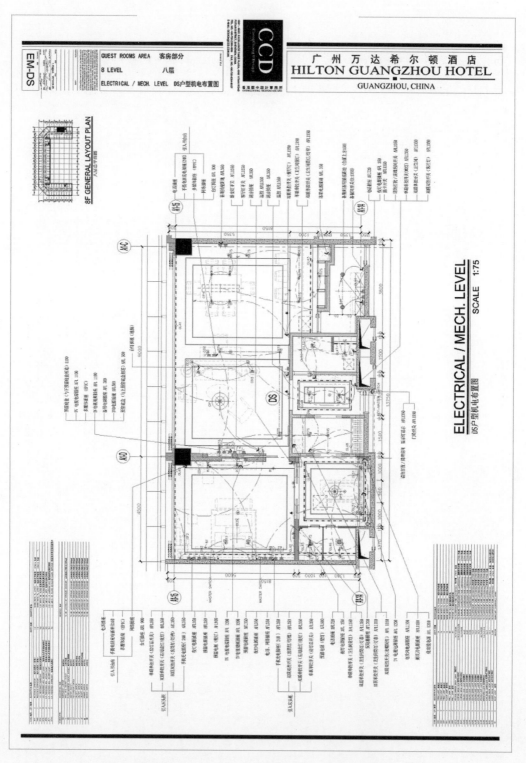

广州白云万达希尔顿酒店DS客房机电布置图[设计：郑中设计事务所（CCD）]

小结

1.分析酒店空间的声系统，绘制间墙尺寸图。
2.分析酒店空间的光系统，绘制天花布置图。
3.分析酒店空间的电系统，绘制机电布置图。

思考与训练 2-5

根据项目需求，绘制间墙尺寸图、天花布置图、机电布置图，完成酒店空间系统设计。

任务六　酒店空间界面设计

任务表 2-6

项目二	任务一酒店空间设计项目启动	任务二酒店空间设计调查	任务三酒店空间概念设计	任务四酒店空间平面布置	任务五酒店空间系统设计	任务六酒店空间界面设计	任务七酒店空间室内陈设设计	任务八酒店空间设计方案表现	任务九酒店空间施工制图	任务十酒店空间设计汇报
任务说明	了解酒店空间形态、色彩、材料的知识，完成酒店空间界面设计									
知识目标	1. 掌握酒店空间形态设计知识 2. 掌握酒店空间色彩设计知识 3. 掌握酒店空间材料设计知识									
能力目标	1. 能运用理论知识，合理组织室内空间形态、色彩、材料 2. 能熟练运用制图软件、工具完成彩色平面图 3. 能熟练运用制图软件、工具完成彩色立面图 4. 能熟练运用制图软件、工具完成场景模型图 5. 能熟练检索材料贴图与实物样板									
工作内容	1. 酒店空间界面设计专题——彩色平面图绘制 2. 酒店空间界面设计专题——彩色立面图绘制 3. 酒店空间界面设计专题——场景模型图绘制 4. 酒店空间界面设计专题——材料贴图与实物样板									
工作流程	知识准备→空间形态训练→色彩运用训练→材料美学训练→彩色平面图→彩色立面图→场景模型图→材料贴图与实物样板									
评价标准	1. 界面形态、色彩、材料设计（彩色平面图）　　20% 2. 界面形态、色彩、材料设计（彩色立面图）　　20% 3. 界面形态、色彩、材料设计（场景模型图）　　40% 4. 界面形态、色彩、材料设计（材料贴图与实物样板）20%									

环节一　知识探究

酒店空间界面设计主要包括酒店空间形态、色彩、材料3个方面。

一、酒店空间形态

1.室内空间的设计元素

室内空间可以看成由点、线、面、体等元素占据、扩展或围合而成的三维虚体，各元素间不同的组合关系会形成特定的空间形态界面。

（1）点

通过点式灯具的组合营造空间空灵感（郑州艾美酒店，设计：如恩）

（2）线

通过线性元素的排列增强空间神秘感（郑州艾美酒店，设计：如恩）

（3）面

垂直面界定了空间的形状及大小（郑州艾美酒店，设计：如恩）

（4）体

前台区域被处理成界面清晰的体块，具有明确的边界感和实体感（郑州艾美酒店，设计：如恩）

灯具被设置成不同大小的长方体块，同灯光本身虚实相衬，具有较强的装饰感（郑州艾美酒店，设计：如恩）

2.案例分析

案例分析：广州天河希尔顿酒店空间形态。

广州天河希尔顿酒店空间形态

二、酒店空间色彩

　　酒店空间色彩设计方案的选择，取决于酒店空间的文化背景以及设计师的审美观点。此外，酒店空间色彩设计还与酒店空间的整体定位有关，整体定位不同的酒店空间应运用不同的色彩体系。酒店空间色彩设计的配置主要有按照功能性质确定主调和按照建筑界面确定色彩两种方法。

佛罗伦萨TSH学生酒店

重庆幔山酒店

三、酒店空间材料

1.地面材料

地面是室内空间的基础面，供人们进行室内活动和摆放室内陈设，所以地面必须坚固耐用。设计师应在考虑诸多环境因素的前提下，正确选择地面材料以及其质感和色彩。地面材料的功能要求如下。

①使用的舒适性：行走舒适性、热舒适性、声舒适性。

②耐久性：经得起直接撞击、磨损。

③安全性：防滑、阻燃、防潮、防腐等。

地面材料主要有天然石材、地毯、地砖、木质板材等。常用的地面材料如下。

①天然石材。天然石材包括大理石、花岗石等。花岗石坚硬耐磨，使用年限较长；大理石的耐磨性不如花岗石，但是花纹较好看。所有石材需根据底色、花纹的排列和匹配度进行选择，并且应以均衡的明暗度有序地排列。

②地毯。地毯是酒店中使用最多的地面材料，包括羊毛地毯、尼龙地毯、化纤地毯、块状地毯等。其特点是整体性强，色彩美观并富有弹性，具有吸声、隔音、保温等功能。

③地砖。地砖种类很多，主要包括釉面砖、无釉砖、玻化砖、人造石等。

④木质板材。木质板材主要包括实木地板、复合实木地板、复合地板等。

酒店各功能空间对地面材料的要求见表2-3。

表2-3　酒店各功能空间对地面材料的要求

位置	地面材料
落客区	石材或混凝土，砖地面道路（防滑）
大堂	天然石材或其他表面坚硬的材料
接待台和礼宾部	天然石材或其他表面坚硬的材料
大堂吧	石材、地毯或木地板
前庭区域	墙到墙铺设地毯，地毯与其他硬质材料的接口处需安装铜条或钢条
餐厅	墙到墙铺设地毯，地毯与其他硬质材料的接口处需安装铜条或钢条
宴会厅	墙到墙铺设地毯，地毯与其他硬质材料的接口处需安装铜条或钢条
商务中心	墙到墙铺设地毯，地毯与其他硬质材料的接口处需安装铜条或钢条
会议室	墙到墙铺设地毯，地毯与其他硬质材料的接口处需安装铜条或钢条
公共卫生间	石材或瓷砖（防滑）
客房	墙到墙铺设地毯，地毯与其他硬质材料的接口处需安装铜条或钢条
客房卫生间	石材或瓷砖（防滑）
健身中心	地毯或木地板
电梯间	表坚硬面的材料

2.天花材料

天花又称顶棚、天棚或吊顶。在室内空间中，天花是占有人们较大视域的一个空间界面。天花与地面是室内空间中相互呼应的两个界面。从施工的程序上来说，天花的装修是室内装修工程中的第一项工作；从空间效果上来说，天花的设置最能反映空间的形状及相互关系。天花的高度决定了一个空间的尺度，直接影响了人们对室内空间的视觉感受。空间的尺度不同，空间的视觉和心理效果就不同。由于人几乎不会与天花有接触，所以设计师在天花造型的设计上比较自由而不受任何形式的限制。天花装饰处理对整个室内装饰有相当大的影响，同时，对于改善室内物理环境（光照、隔热、防火、音响效果等）也有显著的作用。天花的材料主要有石膏板、胶合板、金属板、木材、玻璃、塑料、织物等。

天花按照不同的功能可分为隔声天花、吸声天花、保温天花、隔热天花、防火天花、防辐射天花，按照不同的形式可分为平面式天花、井字格式天花、贴面类天花、装配式天花，按照不同的施工工艺可分为抹灰式天花、裱糊类天花、贴面类天花、装配式天花，按照构造形式可分为直接式天花、悬吊式天花。

酒店各功能空间对天花材料的要求见表2-4。

表 2-4　酒店各功能空间对天花材料的要求

位置	天花材料
落客区	同大堂室内设计及墙面材料相关联
大堂	石膏板或木材
接待台和礼宾部	石膏板或木材
大堂吧	石膏板或木材
前庭区域	石膏板或木材
餐厅、宴会厅	石膏板或木材
多功能厅	石膏板或木材，应考虑天花的声学功能
会议室	石膏板或木材，应考虑天花的声学功能
客房	石膏板或木材
客房卫生间	防潮涂料饰面的石膏板
健身中心	石膏板或木材，应考虑天花的声学功能
电梯间、走廊	原建喷涂轻质隔声饰面，石膏板或木材

3.墙面材料

　　墙面是建筑空间的基本元素，是室内空间中最大的界面之一，是建筑空间围合的垂直组成部分。墙面具有建筑构造的承重作用和建筑空间的围合作用。它可以划分出完全不同的空间区域，把空间各界面有机地结合在一起，起到渲染、烘托空间气氛，增添文化气氛、艺术气息及改善室内物理环境的作用。墙面材料主要有墙纸、墙布、皮革、木质板材、石材、瓷砖、涂料、金属板、镜面玻璃、塑料等。墙面材料的选择应坚持环保、安全、牢固、耐用、阻燃、易清洁的原则，同时应有较好的隔声、吸声、防潮、保暖、隔热等功能。

大堂

株洲希尔顿酒店大堂界面材料及效果

株洲希尔顿酒店大堂界面材料及效果（续）

环节二　界面设计

一、彩色平面图

运用CAD+Photoshop完成彩色平面图的绘制。

重庆国瑞万豪酒店标准间彩色平面图（CAD+Photoshop）

二、彩色立面图

运用CAD+Photoshop或CAD+SketchUp完成彩色立面图绘制。

重庆国瑞万豪酒店标准大床房彩色立面图（CAD+Photoshop或CAD+SketchUp）

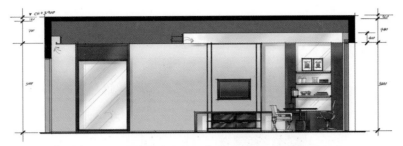

重庆国瑞万豪酒店标准大床房彩色立面图（CAD+Photoshop 或 CAD+SketchUp）（续）

三、场景模型图

　　运用马克笔＋彩铅、手绘板、SketchUp、3ds Max 等工具完成场景模型图绘制。

标准大床房卧室效果图

标准大床房洗手间效果图

重庆国瑞万豪酒店标准间场景模型图（SketchUp＋手绘板）

四、材料样板

检索材料贴图与实物样板，完成材料样板方案的制作。

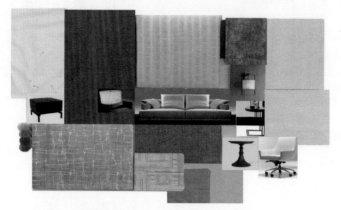

重庆国瑞万豪酒店标准间客房材料样板

重庆国瑞万豪酒店标准间卫生间材料样板

小 结

1.酒店空间界面设计专题——彩色平面图绘制。
2.酒店空间界面设计专题——彩色立面图绘制。
3.酒店空间界面设计专题——场景模型图绘制。
4.酒店空间界面设计专题——材料贴图与实物样板。

思考与训练 2-6

1.分析酒店空间设计专题——界面设计中形式法则的运用情况。
2.分析酒店空间设计专题——界面设计中色彩的运用情况。
3.分析酒店空间设计专题——界面设计中材料肌理的运用情况。

任务七　酒店空间室内陈设设计

任务表 2-7

项目二	任务一酒店空间设计项目启动	任务二酒店空间设计调查	任务三酒店空间概念设计	任务四酒店空间平面布置	任务五酒店空间系统设计	任务六酒店空间界面设计	任务七酒店空间室内陈设设计	任务八酒店空间设计方案表现	任务九酒店空间施工制图	任务十酒店空间设计汇报
任务说明	了解室内陈设的基础理论，并完成室内陈设设计									
知识目标	1. 了解室内陈设的范围 2. 了解室内陈设的作用									
能力目标	1. 能够确定酒店空间室内陈设设计的主题 2. 能够根据主题寻找空间陈设元素 3. 能够熟练制作酒店空间室内陈设设计方案文本 4. 能够完成酒店空间实物陈设									
工作内容	1. 家具、灯具、装饰艺术品、织物、布草等陈设元素的选配 2. 酒店空间室内陈设设计方案的制作 3. 酒店空间实物陈设									
工作流程	知识准备→家具选配→灯具选配→装饰艺术品选配→织物选配→布草选配→陈设设计方案制作→实物陈设									
评价标准	1. 室内陈设设计方案文本 50% 2. 酒店空间实物陈设 50%									

环节一　知识探究

一、室内陈设的范围

　　酒店空间室内陈设设计主要是对酒店的家具、灯具、装饰艺术品、织物、布草、绿化等方面的设计。

　　酒店空间室内陈设一般分为功能性陈设和装饰性陈设。功能性陈设指具有一定使用价值并兼有观赏性的陈设，如家具、灯具、织物、器皿等。装饰性陈设指以装饰观赏为主的陈设，如雕塑、字画、纪念品、工艺品、植物等。

1.家具

　　随着时代的进步，家具在具有实用功能的前提下，其艺术性越来越被人们重视。家具是酒店环境的一个重要组成部分，有着不可替代的实用价值。家具的选用和布置对整个酒店空间的分隔，对人的心理、生理有着相当大的影响。它以自己独特的语言扮演着烘托环境气氛、增加室内艺术效果的作用。

大堂吧家具设计意向（三亚安纳塔酒店）

2.灯具

光源、灯罩和附属配件共同组成了灯具。灯具在酒店环境装饰中起着调节室内光照的作用。灯具的类型及安装的位置确定了光源在空间内的分布，直接影响了室内的照明效果。灯具种类很多，按功能用途可分为照明灯具和装饰型灯具，按固定方式可分为吊灯、壁灯、吸顶灯，按照明形式可分为直接型灯具、间接型灯具、半直接型灯具等。设计师在选用灯具时应当遵循灯具的造型、色彩、质感与环境、空间协调一致的原则。

3.装饰艺术品

装饰艺术品种类繁多，设计师在选择时，应根据酒店的整体风格和室内空间的功能来确定。不同形式和内容装饰艺术品放置于酒店空间中，会营造不同的环境气氛，给整个酒店环境增添艺术情趣及文化气息。例如，在酒店大堂可以放置具有中国特色的装饰艺术品，如瓷器、陶器、木雕、字画等。

大堂吧装饰艺术（餐具）设计意向（三亚安纳塔酒店）

4.织物

目前，织物已经渗透到酒店空间室内陈设设计的各个方面。在现代酒店空间室内陈设设计中，织物使用的多少已经成为衡量酒店空间室内陈设设计水平的重要标志之一。地毯是在酒店空间室内陈设设计中最常用的材料之一，常用于大堂、餐厅、宴会厅、会议室、客房、走廊等区域。地毯一般有3种铺设方式：满铺、中间铺和局部铺设。

泰式餐厅织物纹样设计意向（三亚安纳塔酒店）

5.布草

布草是酒店业的专用名词，泛指酒店内所有的棉织品。它包含床单、被套、枕套、靠垫、浴衣、浴巾、毛巾、地巾以及台布、桌旗和窗帘等。酒店布草通常分为客房布草、餐饮布草、卫浴布草等。

二、室内陈设的作用

1.塑造室内环境意境

意境是空间内部环境所要集中体现的思想或主题，是空间内部环境给人的总体印象，如热烈欢快的喜庆气氛、随和的轻松气氛、凝重的庄严气氛、高雅的文化气氛等。环境意境不仅能被人感受，还能引人联想、给人启迪，是精神世界的一种表现。

环境装饰对塑造空间内部环境意境具有重要作用（天颐茶源茶庄豪华包房）

2.丰富室内空间层次

室内空间中的墙面、地面、天花围合形成一次空间，而利用环境装饰分隔空间是在设计中经常使用的方法，称为二次空间的创建。在室内空间中利用家具、绿化、地毯、水体等陈设创造出二次空间不仅可以使空间的使用功能更趋合理，还可以使室内空间更富有层次感。

3.强化室内环境风格

酒店空间有着不同的设计风格，酒店空间室内陈设设计对室内环境风格起着强化的作用。陈设物品本身的造型、色彩、图案、质感均具有一定的风格特征，所以它会进一步强化室内环境风格。

4.调节室内环境色彩

酒店空间色彩环境对客人的心理和生理均有很大的影响。装饰艺术品、家具、灯具、植物、织物等都可以使酒店空间充满生机和活力，同时也能起到柔化空间，缓和室内空间生硬感，为室内空间添加色彩、增添空间情趣的作用。

环节二　室内陈设设计

一、实施步骤

第一步：定位空间主题（如星空、浪漫、大海、炫、森林等）。
第二步：根据主题寻找合适的空间形态、色彩、材料。
第三步：制订设计方案，完成室内陈设设计方案文本。
第四步：实施设计，以小组形式完成实物陈设。

二、实践参考

案例分析1：天颐茶源茶庄VIP客房软装设计方案。

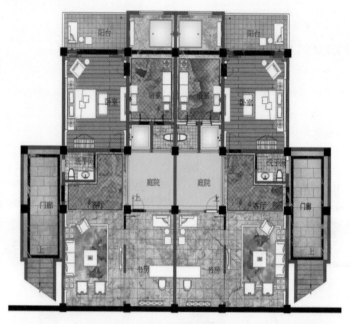

VIP客房平面布置图

VIP客房软装设计方案

VIP客房软装设计方案（续）

VIP客房材料样板

案例分析2：天颐茶源茶庄VIP茶室软装设计方案。

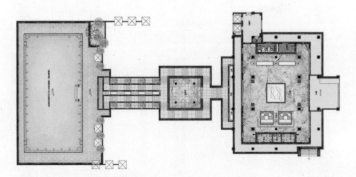

天颐茶源茶庄大堂空间平面布置图

天颐茶源茶庄VIP茶室软装设计方案

天颐茶源茶庄VIP茶室软装设计方案（续）

小 结

1.家具、灯具、装饰艺术品、织物、布草等陈设元素的选配。
2.酒店空间室内陈设设计方案的制作。
3.酒店空间实物陈设。

思考与训练 2-7

在市场调研的基础上，从课程方案的实际需要出发，选配陈设物品，参考本任务中的室内陈设设计案例，完成室内陈设设计。

任务八　酒店空间设计方案表现

任务表 2-8

项目二	任务一 酒店空间设计项目启动	任务二 酒店空间设计调查	任务三 酒店空间概念设计	任务四 酒店空间平面布置	任务五 酒店空间系统设计	任务六 酒店空间界面设计	任务七 酒店空间室内陈设设计	任务八 酒店空间设计方案表现	任务九 酒店空间施工制图	任务十 酒店空间设计汇报
任务说明	完成项目设计方案中的手绘效果图、电脑效果图									
知识目标	1. 了解手绘效果图表现技法 2. 了解电脑效果图表现技法									
能力目标	1. 能够根据平面图、立面图，完成手绘效果图制作 2. 能够根据平面图、立面图，完成电脑效果图制作									
工作内容	1. 手绘效果图表现 2. 电脑效果图表现									
工作流程	手绘效果图表现→电脑效果图表现									
评价标准	1. 手绘效果图 35% 2. 电脑效果图 65%									

环节一　手绘效果图

一、手绘效果图概述

目前，设计行业中的手绘效果图的绘制以马克笔和水溶性彩铅两种工具为主。马克笔结合水溶性彩铅是一种非常快捷的手绘表现形式，由于其自身表现的快捷性和工具的易于携带性而被广大设计师所喜爱。设计师可以用简洁、明快的色彩表现其设计理念，并可以边同项目委托方沟通边绘图。

二、案例分析

案例分析：三亚万丽酒店。

西餐厅

中餐厅

标准间

三亚万丽酒店手绘效果图

标准间卫生间

海鲜餐厅

泳池吧

三亚万丽酒店手绘效果图（续）

环节二　电脑效果图

一、电脑效果图概述

　　电脑效果图是酒店空间设计中常用的一种表现形式。电脑效果图具有很强的画面真实感，能将材质、灯光和陈设设计等直观地表现出来，便于设计师同项目委托方沟通。目前，电脑效果图常用的绘制工具有SketchUp、3ds Max、VRay、Photoshop等。

二、案例分析

　　案例分析：三亚红豆杉大酒店。

大堂总台效果图

大堂效果图

豪华大包间效果图

西餐厅效果图

大床房效果图

双人房效果图

三亚红豆杉大酒店电脑效果图

小结

1. 酒店空间设计的手绘效果图表现。
2. 酒店空间设计的电脑效果图表现。

思考与训练 2-8

绘制酒店空间中各功能空间的手绘效果图、电脑效果图。

任务九　酒店空间施工制图

任务表 2-9

项目二	任务一酒店空间设计项目启动	任务二酒店空间设计调查	任务三酒店空间概念设计	任务四酒店空间平面布置	任务五酒店空间系统设计	任务六酒店空间界面设计	任务七酒店空间室内陈设设计	任务八酒店空间设计方案表现	任务九酒店空间施工制图	任务十酒店空间设计汇报
任务说明	了解酒店空间设计施工制图标准，绘制酒店空间设计项目的施工图									
知识目标	1. 了解酒店空间设计施工制图的图纸构成 2. 了解酒店空间公共区施工制图系统 3. 了解酒店空间客房区施工制图系统									
能力目标	1. 能够熟练绘制酒店空间平面图系统 2. 能够熟练绘制酒店空间立面图系统 3. 能够熟练绘制酒店空间大样图系统 4. 能够熟练编制施工制图目录系统									
工作内容	1. 酒店空间平面图系统的绘制 2. 酒店空间立面图系统的绘制 3. 酒店空间大样图系统的绘制 4. 酒店空间施工制图目录系统的编制									
工作流程	平面图系统绘制→立面图系统绘制→大样图系统绘制→目录系统编制									
评价标准	1. 平面图系统绘制　30% 2. 立面图系统绘制　30% 3. 大样图系统绘制　20% 4. 目录系统编制　　20%									

环节一　知识探究

一、酒店空间施工制图标准

　　项目二酒店空间设计以广州明思卓域装饰设计工程有限公司室内空间设计施工制图标准为依据，具体规范详见配套资源。

　　同项目一办公空间设计相比，项目二酒店空间设计为多楼层空间项目，其设计面积更大，空间类型更加多样，因此施工制图系统也更加复杂。酒店空间设计施工图通常按公共区和客房区两部分进行分类编制，公共区通常以楼层为编制依据，客房区通常以房型为编制依据。

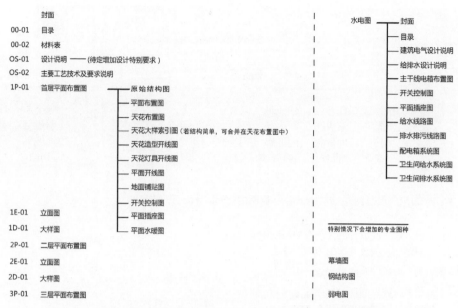

广州明思卓域装饰设计工程有限公司施工制图——标准—施工制图系统

二、公共区施工制图（详见配套资源）

广州白云万达希尔顿酒店公共区一层施工图构成（详见配套资源）

三、客房区施工制图（详见配套资源）

广州白云万达希尔顿酒店DS户型客房施工图构成（详见配套资源）

环节二　施工制图

一、案例分析

广州白云万达希尔顿酒店施工图（详见配套资源）。

二、施工制图

施工制图包括以下工作。

①完善平面图系统。平面图系统包括原始结构图、平面布置图、拆墙砌墙图、天花布置图、天花放线图、灯具布置图、灯具放线图、地面铺贴图、平面插座图、开关系统图、水电系统图等。

②完善立面图系统。按规范绘制各空间主题立面。

③完善大样图系统。大样图系统包括天花大样、立面大样、门系统大样等。

④编制施工制图目录系统。施工制图目录系统包括封面、图纸目录、材料目录、施工说明等。

小结

1.酒店空间设计施工制图标准与规范。

2.酒店空间设计施工图的绘制。

思考与训练 2-9

绘制酒店空间设计的施工图。

任务十　酒店空间设计汇报

任务表 2-10

项目二	任务一酒店空间设计项目启动	任务二酒店空间设计调查	任务三酒店空间概念设计	任务四酒店空间平面布置	任务五酒店空间系统设计	任务六酒店空间界面设计	任务七酒店空间室内陈设设计	任务八酒店空间设计方案表现	任务九酒店空间施工制图	任务十酒店空间设计汇报
任务说明	知识、技能、成果的梳理和汇集；酒店空间设计项目的方案文本制作；总结、汇报、交流，为接下来的课程学习奠定基础									
知识目标	1. 了解设计方案文本的内容、方法与要求 2. 掌握图文整理知识 3. 掌握 Photoshop、PowerPoint 等软件基本知识 4. 了解方案汇报内容、要求、程序与表达技巧									
能力目标	1. 能够熟练进行图文整理 2. 能够熟练运用 Photoshop、PowerPoint 等软件制作方案文本 3. 能利用图文语言以口头阐述的形式完成方案的演示与汇报									
工作内容	1. 图文整理 2. 设计方案文本制作 3. 设计方案文本印刷与装订 4. 方案提交与汇报答辩									
工作流程	知识准备→图文整理、拍摄与处理→设计方案文本制作→设计方案文本印刷与装订→方案提交与汇报答辩									
评价标准	1. 设计方案文本制作　70% 2. 方案提交与汇报答辩　30%									

环节一　知识探究

一、设计提交

按照酒店空间设计项目任务书的要求，设计师应当根据时间点要求，按时提交如下方案成果。

1. 设计意向成果：初步设计方案文本一套

初步设计方案的内容包括设计概念（包括空间意蕴、造型元素、材质肌理、色彩搭配等）、各功能空间平面规划、各功能空间设计意向。

设计意向在酒店空间设计项目的初步设计阶段提出，设计师只有在该阶段与项目委托方达成共识后才能进入方案设计阶段。

案例参考：青岛紫玥国际酒店概念设计（部分，详见配套资源）。

青岛紫玥国际酒店概念设计

2.方案设计成果：设计方案文本一套

设计方案的内容包括封面、目录、设计概念、平面布置图、空间效果图、软装设计。

制作设计方案是在确定设计概念后要开展的工作，大致分为方案设计、方案深化、软装设计3部分。

案例参考：福州凯旋酒店公共区域室内设计方案（详见配套资源）。

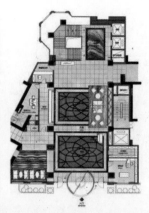

日赏碧波绿，夜枕流水眠

首层大堂及电梯厅平面图

首层大堂及电梯厅软装陈设概念

首层大堂效果图

负一层多功能厅及前厅

多功能厅及前厅陈设概念

多功能厅效果图

前厅效果图

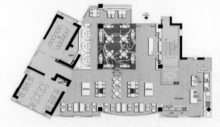

二层全日制餐厅平面图

二层软装陈设概念

福州凯旋酒店公共区域室内设计方案

二层全日制餐厅效果图1　　　　　　　　　　　　二层全日制餐厅效果图2

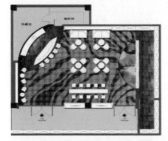

负一层音乐酒吧平面图　　　　　　　　　负一层音乐酒吧软装陈设概念

负一层音乐酒吧效果图1　　　　　　　　　　　负一层音乐酒吧效果图2

福州凯旋酒店公共区域室内设计方案（续）

　　在本任务中，学生需将设计意向及方案设计两部分成果进行整合，以提交最终的方案文本。

　　3. 施工图设计成果：施工图一套

　　施工图的内容包括封面、目录、材料表、设计说明、平面图系统（含平面布置图、地面铺贴图、天花布置图、灯具放线图、插座系统图、开关系统图）、立面图系统、剖面图系统、大样图系统等施工图部分，还包括水电、消防、空调等施工图部分。

　　因水电、消防、空调等施工图部分的成果要求过于复杂和细致，在本课程中，学生可不提交此部分设计成果，其余的施工图设计成果可根据课程进度和安排进行增减。

　　4. 光盘刻录

　　在本课程中，学生需要记录包含以上内容的光盘1张，方案文本及施工图均采用A3尺寸，施工图保存为JPG格式。一级文件以"姓名（学号）"命名，二级文件夹以"1 方案册""2 施工图"命名。

二、案例参考

　　案例分析：乐龄·乐园——老年人旅行酒店设计。

老人旅行酒店

老年人旅行酒店，旨在关注身体相对健康的老年人这一社会群体，从室内设计的角度出发，设计一座面积3000平方米左右的，适合老年人居住使用的度假酒店。

老龄化现象日益凸显，老年人群体的生活受到关注

老年人群体不容忽视

2019年底，全国60周岁及以上老年人口25388万人，占总人口的18.1%，其中65周岁及以上老年人口17603万人，占总人口的12.6%。国务院2017年1月印发的《国家人口发展规划(2016-2030年)》提到，2030年60岁以上老人占比将到达25%左右。

背景和现状

人群分析

但是，因为社会发展，老年人身体更为健朗，旅游成为老年人充实生活丰富人生的途径之一。随着人口老龄化的问题在中国日益凸显，老年人在日常生活中的各项需求越来越多的影响着整个社会生活。医疗技术和生活水平的提高使得已经步入老年的人依然精力充沛，外出旅行的老年人数量逐年增长，于是在旅行中最重要的基本需求——酒店，便成为必不可少的因素。

人群特点

传统思维中，老年人更多被城大家认为在情感、反应和活动能力方面相对年轻人更为出缓，但现代老人更多的体现出健康、独立、乐观的心态，对于自然和历史的追求更为突出

人群分析

人群分析

乐龄人

"乐龄"是对70岁以上年龄段的别称。"乐龄"所表达的意义就是开心、快乐、愉悦、惬意、满溢，甚至是幸福、享爱等。因为人生到了退休年龄，养儿育女的烦琐没有了，竞争激烈的工作摆下了，生命出现前所未有的自由、轻松感，所以用"乐龄"来表达快乐人生和乐天知命是再恰当不过了。

人群分类

1.夫妻两人结伴旅行身体较为健康，热爱生活

2.家庭旅游儿女陪伴；以节假日为主，掌握组团式出游，人数相对较多，同时兼顾老中幼三类人群

3.邻里朋友之间结伴旅行

人群分析

概念阐释

对于酒店使用功能的特殊要求

在传统老年使用规范要求的基础上，更多地加入庭院、阳光、交流空间等关怀老年人的元素，以及医务室等保证老年人健康安全的设施，在座椅方面选择，选择较为柔软的沙发，避免老人起身时不易用力。

"院"

"院"是老年人日常生活中必不可少的场所，晨练、下棋、看书读报、邻里朋友及促膝聊天等各种日常行为都是在院子中进行，过去楼房都量少，大多是低矮平层的大杂院，"院"便是老年人联系感情的纽带。"院"更多为老年人提供花草、树荫、阳光、新鲜空气等有益身心的元素。

乐龄·乐园——老年人旅行酒店设计

溪流

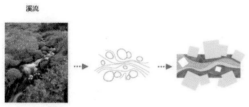

色彩方面，避免大量使用白色和反光材质使空间更为冷峻，转为使用黄色和蓝色。通过采用木材质和地毯等材质，使空间更为温暖柔和，增强亲和力。

由溪流概念简化出的平面图像构成中庭的铺地效果

入口

前台

侧边休息区

餐厅

一层电梯间

二层电梯间

乐龄·乐园——老年人旅行酒店设计（续）

环节二　汇报答辩

一、答辩准备

1.资料复制

组长负责将本组成员的PPT打包，并在课前10分钟内将其复制到讲台的电脑中。

2.顺序安排

组长抽签决定小组汇报答辩的先后顺序。各小组根据信息表名单依次答辩。

3.汇报时间

自我表述，5分钟；问答与评价，3分钟。

二、答辩考核

1.表述能力

思路清晰，语言流畅，表达到位。

2.应变能力

知识全面，反应敏锐，回答正确。

3.综合情况

①有礼貌，态度谦和、诚恳。

②PPT制作认真，效果良好。

③方案内容充实，形式规范。

小　结

1.图文整理。

2.设计方案文本制作。

3.设计方案文本印刷与装订。

4.方案提交与答辩。

思考与训练 2-10

1.设计方案文本编排与装订打印

设计方案文本的内容应包括封面、个人简介、目录、设计概念、平面布置图、电脑效果图、手绘效果图、软装设计等信息，版面不小于A4尺寸，排版形式自拟。

2.项目成果电子版整理与光盘刻录

内容要求见本任务环节一，整体完成后刻录光盘1张，施工图成果文件采用DWG格式。